移动机会网络路由与数据传输

张立臣 著

U0264696

科学出版社

北京

内 容 简 介

本书主要涵盖移动机会网络的最新研究进展和应用成果,从实用性角度,对移动机会网络的路由与数据传输理论和技术进行介绍和分析,以推动移动机会网络技术发展和实用化进程。全书共 7 章,全面系统介绍移动机会网络路由和数据传输算法。第 1 章概述移动机会网络的发展历程、基本概念和典型应用场景,并对其应用前景进行了展望。第 2 章综述现有移动机会网络的路由算法,并对当前机会网络仿真平台 ONE 平台进行重点介绍。第 3~7 章分别介绍能量感知的路由算法、拥塞控制算法、能量感知的数据传输算法、移动预测感知路由算法、基于社会性的概率数据传输算法,以及基于合作博弈的数据路由与基于隐私保护的数据收集算法,并在 ONE 平台下对各个算法进行仿真实验对比。

本书可供高等院校计算机专业或通信类相关专业的研究生或高年级本科生参考,对于网络工程的技术人员和机会网络的研究人员也有一定的参考价值。

图书在版编目(CIP)数据

移动机会网络路由与数据传输/张立臣著. —北京:科学出版社, 2019.10
　ISBN 978-7-03-062376-8

Ⅰ.①移… Ⅱ.①张… Ⅲ.①移动网-路由选择-研究 ②移动网-数据传输技术-研究 Ⅳ.①TN929.5

中国版本图书馆 CIP 数据核字(2019) 第 208707 号

责任编辑:李 萍/责任校对:郭瑞芝
责任印制:张 伟/封面设计:陈 敬

科 学 出 版 社 出版
北京东黄城根北街 16 号
邮政编码:100717
http://www.sciencep.com

北京中石油彩色印刷有限责任公司 印刷
科学出版社发行 各地新华书店经销
*
2019 年 10 月第 一 版 开本:720 × 1000 B5
2019 年 10 月第一次印刷 印张:14 1/2
字数:280 000
定价:98.00 元
(如有印装质量问题, 我社负责调换)

前　　言

　　移动机会网络是在移动自组织网络、延迟/中断容忍网络的基础上发展起来的新一代自组织网络，它充分利用节点移动所带来的相遇机会，基于短距无线通信技术，以存储–携带–转发模式，在不需要源节点和目的节点之间存在完整通信路径的情况下，完成节点之间数据路由和消息转发。移动机会网络融合了无线通信和计算机网络两类技术，随着智能手机、智能手表、掌上电脑等无线智能终端的广泛普及，其应用场景不断扩大。特别是，移动机会网络在无需通信基础设施、网络鲁棒性和自组织性、网络设备异构性等方面具有诸多独特优势，这些优势将促使移动机会网络与不断出现的新兴技术进行深度融合，如群智感知、边缘计算、内容中心网络、5G 网络等技术，可以广泛应用于军事、商业、工业、交通等领域，具有重要的研究价值和广阔的应用前景。

　　本书以移动机会网络的路由和数据传输算法为核心，从实用性角度出发，以作者多年的研究成果为基础，系统介绍当前移动机会网络的路由和数据传输算法研究成果。本书通过分析移动机会网络的特点，全面介绍移动机会网络典型应用场景和研究热点，并综述移动机会网络典型路由算法。在此基础上，以提高网络路由和数据传输算法的高效性和实用性为目标，本书从能量节省、移动感知、轨迹预测、节点社会性等角度出发，重点介绍作者多年在移动机会网络路由和数据传输方面的研究成果，包括：能量感知的路由算法、拥塞控制算法、能量感知的数据传输算法、移动预测感知路由算法、基于社会性的概率数据传输算法、基于合作博弈的数据路由与基于隐私保护的数据收集算法。本书主要从应用场景、研究动机、网络模型和假设、算法设计、仿真实验、结果分析和未来工作等方面对所提出的算法进行深入阐述和分析，在突出创新性和研究深度的同时，尽量为读者呈现全面、清晰的印象。

在本书撰写过程中，陕西师范大学计算机科学学院闫斌、王阿娜、李丽霞、余岁、赵若男等研究生收集、整理了大量材料，重做了相关实验，并绘制了相关插图，在此对他们付出的辛勤劳动表示衷心感谢。同时，本书的撰写得到了现代教学技术教育部重点实验室、陕西省教学信息技术工程实验室、陕西师范大学计算机科学学院普适计算实验室的老师、博士生和硕士生的大力支持与帮助，感谢他们为本书素材的提供和整理做出的重要贡献。此外，非常感谢王小明教授对本书出版给予的大力支持！

本书由国家重点研发计划 （2017YFB1402102）、 国家自然科学基金项目 (61402273, 61373083)、现代教学技术教育部重点实验室图书出版基金、陕西省自然科学基金项目 (2017JM6060)、陕西师范大学学科建设处图书出版基金、中央高校科研业务费项目 (GK201903090) 资助出版。

由于作者水平有限，书中难免存在不足之处，敬请读者提出宝贵意见和建议。

目　　录

第 1 章　移动机会网络概述

1.1　研究背景

移动机会网络 (mobile opportunistic networks, MONs) 泛指在通信链路间歇式连通的情况下，利用节点移动所带来的相遇机会实现数据传输的自组织网络。移动机会网络的研究源于早期的移动自组织网络 (mobile ad hoc networks, MANET) 和延迟/中断容忍网络 (delay/disruption tolerant networks, DTNs)。移动自组织网络是一种特殊的移动无线网络，无需网络基础设施支持，网络中的节点既充当主机，又具有路由器功能，相互之间作为对等实体进行无线连接和数据通信；延迟/中断容忍网络主要采用存储–携带–转发 (store-carry-forward) 策略完成数据传输。相比移动自组织网络和延迟/中断容忍网络，移动机会网络的涵盖范围更广，更关注于日常生活中携带移动智能设备的普通用户和配备智能传感器的交通工具，采用短距离无线通信技术进行数据共享和数据传输的场景。

近年来，随着计算、通信和传感器技术的快速发展，以及各种移动智能设备 (如智能手机、智能手环、智能眼镜等) 的迅速普及，普通用户对随时随地获取信息和服务的需求日益强烈，从而对移动智能终端的实时无线通信提出了更高的服务质量 (quality of service, QoS) 要求。然而，现有无线通信系统往往需要集中化的运营和管理维护，一般需要提前部署网络基础设施 (如 4G 通信基站) 和无线接入点 (如 WiFi 热点)。用户通过移动智能终端的无线通信模块接入网络，如 Internet，从而实现资源共享和数据通信。但是，由于网络基础通信设施具有稀疏性，且建设成本较高，在较长的一段时间内还无法真正满足随时随地通信和资源共享的 QoS 要求。此外，地震、飓风等突发灾害造成的固定基础通信设施破坏，也将进一步限制其适用范围。因此，移动自组织网络得到了研究学者、企业和政府的广泛关注，从而得以快速发展和广泛应用。

移动自组织网络利用现有的短距离无线通信模块 (如 WiFi、蓝牙) 实现设备之间快速便捷的信息交互，无需固定基础设施支持，网络中的节点既充当主机，又具有路由器功能，相互之间可作为对等实体连接和通信。在移动自组织网络中，非相邻的节点通过借助网络中其他节点的中继和转发实现相互通信，从而以一种无线多跳形式完成数据传输和资源共享。

虽然移动自组织网络能够实现数据在不同设备之间的转发和共享，在很大程度上克服了传统无线通信系统的弊端，但经典的数据路由和数据传输往往假设网络时刻处于连通状态，并且节点在转发数据之前，能够建立从源节点到目的节点之间端到端的路径，数据按照预设的路径进行传输，在传输路径中断时再重新建立路径。这些假设使得移动自组织网络只能适用于节点位置相对固定、网络连通性较好的场景，而在大规模真实场景中则面临较大的失效风险。

为了解决移动自组织网络中由于节点分布稀疏和频繁移动等原因引起的源节点和目的节点之间通信链路频繁中断进而导致数据传输失败的问题，在移动自组织网络的基础上，延迟/中断容忍网络应运而生。Fall[1] 在 2003 年首次提出了一种用于通信链路频繁中断场景下的网络架构，该网络架构迅速得到了广泛关注和研究。目前，延迟/中断容忍网络已经成为无线网络领域内热门的研究领域之一。

为了进一步将移动自组织网络和延迟/中断容忍网络应用于携带移动智能设备或配备智能传感器的交通工具的日常生活中，更为宽泛的移动机会网络得到发展和研究。移动机会网络是一种特殊的移动自组织网络和延迟/中断容忍网络，它利用节点在移动过程中带来的相遇机会，通过存储-携带-转发的数据传输模式，在不需要源节点和目的节点之间存在完整通信路径的情况下，完成节点之间数据的路由转发 [2]。

1.2　网络基本特征

移动机会网络的数据传输典型过程如图 1-1 所示。在时刻 t_1，源节点 S 希望将数据传输给目的节点 D, 但节点 S、D 之间不存在一条端到端的通信路径, 因此, 节点 S 对邻居节点 2 和 3 进行评估, 并做出决策, 将数据发送给节点 3。由于节点 3 在当前时刻并没有合适的机会转发至下一跳节点 (即邻居节点 2 不适合作为节点 3 的中继节点), 它暂时缓存此数据。在时刻 t_2, 节点 3 移动到节点 1、4 的通信范围, 通过评估将数据转发给节点 4。在时刻 t_3, 节点 4 移动到目的节点 D 的通信范围, 将数据传输给节点 D, 从而完成数据传输。由此可见, 移动机会网络的多跳数据传输过程一般采用存储–携带–转发的数据传输模式, 通过多节点的移动、转发和相互协作, 共同完成数据传输任务 [2,3]。

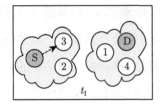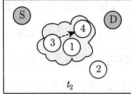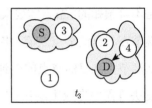

图 1-1 移动机会网络数据传输过程示意图 [2]

通过上述移动机会网络数据 (以下将交替使用数据、数据包和消息) 的传输过程可以看出, 与传统的移动自组织网络相比, 移动机会网络中的数据传输过程存在如下显著特征 [4-10]:

(1) 节点移动频繁, 移动范围广, 数据传输延迟长。

移动机会网络中的节点一般是由便携式手持设备构成, 节点在网络中的移动更为频繁, 移动范围更广。网络经常被分割成多个互不连通的子网, 导致网络拓扑结构不可控制地发生变化, 从而增大了数据传输延迟。

(2) 数据传输具有机会性和瞬时不可达性。

在移动机会网络中, 只有当节点移动到彼此的无线通信范围内时, 节点之间才能建立无线连接并进行通信, 导致移动机会网络中源节点和目的节点之间不存在端到端的完整通信链路, 使得数据传输具有瞬时不可达性。因为移动机会网络中的数据传输需要充分利用节点移动过程中带来的相遇机会, 所以其数据传输具有机会性。

(3) 网络具有无中心性。

与移动自组织网络类似，移动机会网络中节点的地位是平等的。网络中不存在中心控制器，移动机会网络中的每个节点既充当网络终端的角色，又具有路由器的功能。这种网络无中心性特点给路由算法设计带来了便利，可以根据节点在网络中具有的特征而采用不同的路由策略。

(4) 数据传输采用存储–携带–转发的数据传输模式。

在移动机会网络中，节点之间的数据传输需要依靠节点两两之间的无线多跳通信链路。在没有遇到合适的下一跳节点之前，数据每次要传递到的下一个节点往往是不可预知的。节点需要采用存储–携带–转发的数据传输模式，在未遇到合适的中继节点或目的节点之前，将数据暂时存储在本地缓存中，而不需要也不能等待出现从源节点到目的节点的端到端的完整的通信链路。因此，移动机会网络中的数据转发决策需要在应用层进行，依据所要传输数据的特点和类型以及当前邻居节点的状态，进行数据路由决策，选择最优的下一跳中继节点。

(5) 节点资源具有有限性。

在移动自组织网络中，当下一个节点的链路无法连接时，节点往往丢弃数据包，而移动机会网络需要节点长时间缓存大量数据包。移动智能终端一般由短距离无线通信功能的智能设备构成，设备体积小、质量轻、携带方便，且靠电池供电。与其他固定设备相比，移动机会网络中的节点通常不具有很大的电池容量和缓存资源。因此，移动机会网络的数据传输需要更为关注节点的资源耗费情况。

(6) 节点移动行为特征多样。

移动机会网络中的数据传输完全依赖于节点移动所带来的相遇机会，节点相遇频率和相遇间隔时间、节点移动特征、节点在网络中的结构特征等对移动机会网络数据路由决策和网络性能具有重要影响。由于传统移动自组织网络假设节点之间是全连通的，从网络拓扑角度 (如拓扑连通率、节点连通度等) 分析数据传输性能，一般不考虑节点移动或采用简单的节点移动模型，如随机游走模型。但是，在移动机会网络路由和数据传输方法设计中，分析并利用节点移动行为特征有助于选择合适的中继节点，从而提高数据传输性能。

(7) 节点通信具有异构性。

随着智能可携带设备功能的不断扩展和成本的逐步降低，众多不同类型的智能可携带设备逐渐普及并应用于人们的日常生活中，如采用蓝牙或 WiFi 通信接口实现短距离通信。因此，移动机会网络已发展成为由不同类型的节点组成的异构、非全连通的移动自组织网络。

1.3 网络典型应用

移动机会网络无需建立结构化的全连通网络，节点通过利用节点间的相遇机会，采用存储–携带–转发的模式进行数据传输，因而更贴近日益复杂的实际应用需求。目前，移动机会网络应用领域不断拓展，本节仅列举一些典型应用 [9-17]。

1. 车载自组织网络

智慧交通、智慧城市已成为目前社会发展的重要需求，车载自组织网络是在城市公交、地铁、汽车等交通工具中嵌入无线传感器和无线智能传输设备形成的一种移动机会网络，可以实现交通拥塞预报、路径智能规划、道路安全监测等应用 [11]。2003 年，美国联邦通信委员会专门划分了一个专用频段用于车辆间的无线通信。2005 年，欧洲成立了车辆间通信联盟。CarTel 项目 [12] 是一种车辆传感器网络系统，安装在移动车辆上的 CarTel 系统会自动收集多种传感器采集的数据，并通过蓝牙或 WiFi 与附近车辆交换数据，以实现路况收集、车辆诊断和路线导航功能。

2. 野生动物追踪

通过在野生动物身体上安置的各种传感器，可以自动、周期性地收集这些动物的迁徙和移动轨迹数据。ZebraNet 是用来追踪非洲草原上斑马随季节迁徙数据的移动机会网络系统，无线传感器被安装在斑马脖子上，传感器之间相互缓存数据，当遇到装备移动基站的汽车时，感知数据将自动传输到汽车上的移动基站 [13]。SWIM

系统用来收集和追踪海洋中鲸鱼的移动轨迹，无线传感器被放置到鲸鱼身上并周期性地收集监控数据，通过鲸鱼间的近距离接触，感知数据被转发到周围其他传感器上，并被部署在附近水面的浮标收集，再传输至基站 [14]。

3. 偏远地区网络

通过移动机会网络，可以为基础通信设施不完善的国家和偏远地区提供非即时但廉价的互联网服务。DakNet 系统为印度偏远村庄提供了互联网接入服务，如图 1-2 所示，它包括部署在村庄的无线传输设备、公交车的移动接入点设备和城镇中的互联网接入点设备 [15]。居民通过手持设备，与无线传输设备建立无线连接并交换数据；往返于农村与城镇的公交车通过移动接入点设备与无线传输设备、互联网接入点设备交换数据；居民从无线传输设备获取基本网络数据并发送请求数据，如果无线传输设备没有缓存居民所需的数据，则暂时缓存该请求；当公交车经过无线传输设备时，获取无线传输设备的数据请求，当到达城镇时，从部署在城镇中的互联网接入点设备获取相应网络数据，并在下次经过无线传输设备时将数据传输至无线传输设备。由此可见，DakNet 系统提供了一种具有较大延时但价格低廉的互联网接入服务。

4. 手持设备组网与移动群智感知应用

手持设备组网 [16] 是由人随身携带的移动智能设备形成的移动机会网络，已广泛应用于数据共享、广告分发、路况监控等服务。2006 年，美国电视台在户外放置数字广告牌，使得附近用户可以免费下载和观看热门剧集。部分商店和超市也通过 WiFi 热点向附近的行人分发诸多广告、折扣信息，如电影游戏预告、商品折扣等。Jung 等 [17] 实现了校园内基于移动机会网络的内容共享，在网络资源受限情况下基于蓝牙通信技术实现音频、视频等较大文件的传输和共享。Jiang 等 [18] 设计了基于移动机会网络的数据分发系统，当多个用户都需要获取较大数据且允许一定延迟时，系统先将该数据发送给部分活跃的种子节点，然后这些种子节点通过短距无线通信技术以多跳转发方式将数据传输给其他节点。

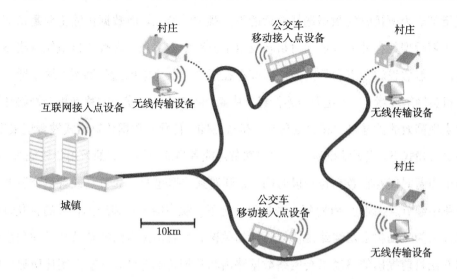

图 1-2 DakNet 项目示意图

目前，随着移动智能终端的广泛普及和云计算、无线通信、物联网等技术的飞速发展，人们对随时随地获取周围环境信息和相关服务的需求越来越强烈，这促进了移动群智感知应用的出现和发展。移动群智感知[19]系统通过云平台将感知任务分发给众多持有移动智能终端的普通用户，普通用户通过移动智能终端收集和感知周围环境数据，并利用与周围用户的相遇机会进行数据转发和数据传输。

1.4　网络研究热点

移动机会网络的机会通信、存储–携带–转发的数据传输模式等特征使其在缺乏通信基础设施等应用场景下具有独特优势，因此得到了研究学者的广泛关注。目前，移动机会网络的研究主要包括数据路由与数据传输、节点移动与节点相遇模型、数据分发与检索、数据卸载、网络安全与隐私保护、移动群智感知新应用等几个方面。

1. 数据路由与数据传输

无线自组织网络技术的首要任务是数据路由和数据传输，其中，数据路由主要是指节点为所接收的数据选择合适的下一跳中继节点，而数据传输主要是指节点将入境数据暂存并在合适的时机转发给下一跳中继节点。现有的自组织网络路由方法一般假设源节点和目的节点之间存在至少一条完整的通信路径，这不适合移动机会网络环境。为了在无线连接经常中断、网络非时刻连通的移动机会网络环境中实现高效的数据路由和数据传输，存储-携带-转发的数据传输模式被普遍采用。在这种模式下，当无法确定下一跳中继节点或者当前邻居节点的效用值较低时，当前节点暂时缓存在数据包一段时间，直到遇到数据包的目的节点或者更合适的下一跳中继节点。因此，针对每个数据包确定下一跳中继节点和选择合适的转发时机已经成为移动机会网络路由协议设计的关键。本书将在后面的章节从不同角度详细介绍目前提出的移动机会网络数据路由和数据传输方法，并重点阐述所提出的方法。

2. 节点移动与节点相遇模型

移动机会网络借助节点间的相遇机会进行数据路由和数据传输决策，而节点间的相遇机会是节点移动和近距离接触所产生的，这使得节点移动和相遇规律成为影响移动机会网络性能的关键因素之一，因而得到广泛研究和关注。目前，节点移动与节点相遇模型的研究可分为如下三类。

1) 经典的移动和相遇模型

经典的移动模型主要有三个：随机路点 (random way point，RWP) 移动模型 [20]、随机方向 (random direction, RD) 移动模型 [21] 和随机游走 (random walk, RW) 移动模型 [22,23]。研究表明：上述三个模型中的节点期望相遇时间服从指数分布或者其尾部服从严格的指数分布，RW 移动模型的节点期望相遇间隔时间也服从指数分布，RWP 和 RD 移动模型的节点相遇时间和相遇间隔时间的尾部分布具有无记忆性，即服从指数分布 [21,24]。近年来，在上述经典模型的基础上，研究者已陆续提出众多实用的节点移动模型，感兴趣的读者可参阅相关文献 [25] ∼ [32]。现有很多移动机会网络仿真工具，如 ONE[33]、NS2 和 OPNET，已经集成了众多经典的节点移动模型。

2) 面向人类社区的移动和相遇模型

在移动机会网络应用领域中，由日常生活中的普通用户通过所携带智能设备的短距无线传输能力进行资源共享和数据传输是一类重要应用场景，因此，研究和刻画人类的社交性、自私性等，并进而提出适用于人类的节点移动模型成为移动机会网络研究的热点之一。在普通用户组成的移动机会网络中，普通用户构成的节点往往具有一定的社交性、聚集性和主观性，如社会职务、社会地位和兴趣爱好等，这使得节点移动行为呈现出一定的规律性和可预测性。基于此，研究学者提出了一系列基于社区 (community) 或群 (group) 的节点移动和相遇模型 [34-43]，在这些模型中，每个节点的移动决策一般受到自身和其他节点社交属性的影响，因此呈现出了一定的目的性和规律性。

3) 基于应用统计的移动和相遇模型

为了更准确刻画实际场景中的节点移动和相遇规律，一些研究学者利用统计方法，通过收集现实场景中的真实移动轨迹、运动特征和真实相遇情形来刻画节点移动和相遇规律 [37,44-51]。近年来，CRAWDAD 网站 (http://www.crawdad.org/) 已经汇集了众多真实的节点移动轨迹和相遇数据，来自麻省理工学院、剑桥大学等高校和研究机构。此外，研究学者针对灾难等紧急环境、校园环境下的节点移动轨迹也进行了研究和分析 [39,52-55]，这为扩展移动机会网络的应用范围起到了积极作用。

3. **数据分发与检索**

移动机会网络路由和数据传输往往针对的场景是处于相遇状态的节点，且所传输消息往往只有一个目的节点，即单播。移动机会网络的一个研究热点是将同一个数据转发给具有某些特征的多个目的节点，称为数据分发 (或多播)。数据的源节点也被称作数据提供者，数据的目的节点称为数据消费者。移动机会网络的另一个研究热点是多个消费者通过短距无线通信技术广播其所感兴趣的数据请求，即内容检索 (或广播)。研究学者针对移动机会网络下的数据分发与检索做了大量的研究工作，感兴趣的读者可参考相关文献 [56] ~ [72]。

4. 网络安全与隐私保护

安全和隐私问题一直以来都是网络的重要研究领域。在移动机会网络中, 节点移动的随机性、节点资源的有限性、网络拓扑的频繁中断性和动态变化性导致节点更容易受到拒绝服务 (denial of service, DoS) 攻击、虚假路由、选择性转发和丢弃等安全威胁, 这增加了移动机会网络的安全威胁和隐私泄露的风险。针对移动机会网络中自私节点导致的网络性能下降问题, 研究学者主要基于激励、信任和博弈机制促使自私节点积极参与数据转发 [70-86], 并基于认证机制对虚假路由信息进行检测和控制 [87-94]。同时, 针对节点的隐私保护需求 (如位置隐私、属性隐私、状态隐私等), 基于 K-匿名、数据扰动、差分隐私等技术提出了一系列面向移动智能设备和移动机会网络的隐私保护新机制 [95-102]。

5. 基于移动机会网络的移动群智感知新应用

传统的群智感知主要依据云平台发布感知任务, 众多用户自行选择能够完成的任务并按时完成和提交感知数据, 这需要较强的用户参与主动性。随着移动智能终端功能的不断完善和应用的迅速普及, 移动群智感知新应用不断出现并得到快速发展 [18,19,103]。在移动机会网络环境下, 移动用户携带的智能设备自动完成感知任务、上传感知数据而无需用户主动介入。移动群智感知的应用领域主要有环境监测、道路状况监测、停车位寻找和路径导航等。目前, 基于移动机会网络的移动群智感知应用研究主要集中在感知任务分配、移动用户激励、感知数据收集和聚集以及用户隐私保护等方面 [104-115]。

1.5 　网络应用前景

目前, 移动机会网络已经在车载自组织网络、野生动物追踪、偏远地区网络、手持设备组网、移动群智感知新应用等领域崭露头角, 并在节点移动和相遇模型、数据传输与路由、数据分发与检索、数据卸载、安全与隐私保护等方向取得了一系列研究成果。移动机会网络在无需通信基础设施、网络鲁棒性和自组织性、网络设备异构性等方面具有许多独特优势，这些优势将促使移动机会网络与不断出现的新兴技术，如与群智感知、边缘计算、内容中心网络、5G 网络等技术进行深度融合，从而将被广泛应用于商业、工业、交通等各个领域，因此具有重要的研究价值和应用前景。

1.6　本书的结构

本书主要从提高网络性能和实用性角度出发，系统介绍作者近年来在移动机会网络路由和数据传输算法方面的主要研究成果，为移动机会网络的大规模应用提供了理论和技术支撑。全书共 7 章：

第 1 章概述移动机会网络。

第 2 章综述移动机会网络中路由经典算法，并对移动机会网络仿真平台进行简要介绍。

第 3 章提出移动机会网络中能量感知的路由算法。

第 4 章提出移动机会网络中拥塞控制算法与能量感知的数据传输算法。

第 5 章提出移动机会网络中移动预测感知路由算法。

第 6 章提出移动机会网络中基于社会性的概率数据传输算法。

第 7 章提出移动机会网络中基于合作博弈的数据路由与基于隐私保护的数据收集算法。

参 考 文 献

[1] Fall K. A delay-tolerant network architecture for challenged internets[C]. Proceedings of ACM SIGCOMM 2003 Conference on Computer Communications, Karlsruhe, Germany, 2003: 27-34.

[2] 熊永平, 孙利民, 牛建伟, 等. 机会网络 [J]. 软件学报, 2009, 20(1): 124-137.

[3] 马华东, 袁培燕, 赵东. 移动机会网络路由问题研究进展 [J]. 软件学报, 2015, 26(3): 600-616.

[4] Caini C, Cruickshank H, Farrell S, et al. Delay and disruption-tolerant networking (DTN): an alternative solution for future satellite networking applications[J]. Proceedings of the IEEE, 2011, 99(11): 1980-1997.

[5] Han B, Hui P, Kumar V, et al. Mobile data offloading through opportunistic communications and social participation[J]. IEEE Transactions on Mobile Computing, 2012, 11(5): 821-834.

[6] Mota V, Cunha F, Macedo D, et al. Protocols, mobility models and tools in opportunistic networks: A survey[J]. Computer Communications, 2014, 48: 5-19.

[7] Li Y, Su G, Wu D, et al. The impact of node selfishness on multicasting in delay tolerant networks[J]. IEEE Transactions on Vehicular Technology, 2011, 60(5): 2224-2238.

[8] Pitkänen M, Kärkkäinen T, Ott J. Mobility and service discovery in opportunistic networks[C]. IEEE International Conference on Pervasive Computing and Communications Workshops (PERCOM 2012), Lugano, Switzerland, 2012: 204-210.

[9] 叶晖. 机会网络数据分发关键技术研究 [D]. 长沙: 中南大学, 2010.

[10] 张峰. 基于元胞学习自动机的机会网络路由算法研究 [D]. 西安: 陕西师范大学, 2016.

[11] 程嘉朗, 倪巍, 吴维刚, 等. 车载自组织网络在智能交通中的应用研究综述 [J]. 计算机科学, 2014, 41(s1): 1-10.

[12] Hull B, Bychkovsky V, Zhang Y, et al. CarTel: a distributed mobile sensor computing system[C]. Proceedings of the 4th International Conference on Embedded Networked Sensor Systems, Boulder, USA, 2006: 125-138.

[13] Juang P, Oki H, Wang Y, et al. Energy-efficient computing for wildlife tracking: design tradeoffs and early experiences with ZebraNet[C]. Proceedings of the 10th International Conference on Architectural Support for Programming Languages and Operating Systems, San Jose, USA, 2002: 96-107.

[14] Small T, Haas Z. The shared wireless infestation model: a new ad hoc networking paradigm (or where there is a whale, there is a way)[C]. Proceedings of the 4th ACM International Symposium on Mobile ad hoc Networking & Computing, Annapolis, USA, 2003: 233-244.

[15] Pentland A, Fletcher R, Hasson A. DakNet: rethinking connectivity in developing na-

tions[J]. Computer, 2004, 37(1): 78-83.

[16] Sarkar R, Rasul K, Chakrabarty A. Survey on routing in pocket switched network[J]. Wireless Sensor Network, 2015, 7(9): 113-128.

[17] Jung S, Lee U, Chang A, et al. Bluetorrent: cooperative content sharing for Bluetooth users[J]. Pervasive and Mobile Computing, 2007, 3(6): 609-634.

[18] Jiang N, Guo L, Li J, et al. Data dissemination protocols based on opportunistic sharing for data offloading in mobile social networks[C]. IEEE International Conference on Parallel and Distributed Systems, Wuhan, China, 2016: 705-712.

[19] 陈荟慧, 郭斌, 於志文. 移动群智感知应用 [J]. 中兴通讯技术, 2014, (1): 35-37.

[20] Broch J, Maltz D, Johnson D, et al. Multi-hop wireless ad hoc network routing protocols[C]. Proceedings of ACM/IEEE International Conference on Mobile Computing and Networking, Dallas, USA, 1998: 85-97.

[21] Bettstetter C. Mobility modeling in wireless networks: categorization, smooth movement, and border effects[J]. ACM SIGMOBILE Mobile Computing & Communication Review, 2001, 5(3): 55-66.

[22] Small T, Haas Z. Resource and performance tradeoffs in delay-tolerant wireless networks[C]. Proceedings of the 2005 ACM SIGCOMM Workshop on Delay-Tolerant Networking, Philadelphia, USA, 2005: 260-267.

[23] McDonald A. A mobility-based framework for adaptive clustering in wireless ad-hoc networks [J]. IEEE Journal of Selected Areas in Communications, 1999, 17(8): 1466-1487.

[24] Jindal A, Psounis K. Performance analysis of epidemic routing under contention[C]. Proceedings of the 2006 International Conference on Wireless Communications and Mobile Computing, Vancouver, Canada, 2006: 539-544.

[25] 郭丽芳, 李鸿燕, 李艳萍, 等. 无线 Ad Hoc 网络移动模型大全 [M]. 北京: 人民邮电出版社, 2014.

[26] 陈智. 基于 K-means 聚类算法的机会网络群组移动模型及其长相关性研究 [D]. 湘潭: 湘潭大学, 2015.

[27] 周永进. 基于社区分层的机会网络移动模型与仿真 [D]. 哈尔滨: 哈尔滨工程大学, 2015.

[28]　陈德鸿. 机会网络移动模型研究 [D]. 开封: 河南大学, 2015.

[29]　Bandyopadhyay S, Coyle E, Falck T. Stochastic properties of mobility models in mobile ad hoc networks[J]. IEEE Transactions on Mobile Computing, 2007, 6(11): 1218-1229.

[30]　Karamshuk D, Boldrini C, Conti M, et al. Human mobility models for opportunistic networks[J]. IEEE Communications Magazine, 2011, 49(12): 157-165.

[31]　Zhang J, Fu L, Tian X, et al. Analysis of random walk mobility models with location heterogeneity[J]. IEEE Transactions on Parallel and Distributed Systems, 2015, 26(10): 2657-2670.

[32]　Batabyal S, Bhaumik P. Mobility models, traces and impact of mobility on opportunistic routing algorithms: asurvey[J]. IEEE Communications Surveys & Tutorials, 2015, 17(3): 1679-1707.

[33]　Keränen A, Ott J, Kärkkäinen T. The ONE simulator for DTN protocol evaluation[C]. Proceedings of the 2nd International Conference on Simulation Tools and Techniques, Rome, Italy, 2009: 55.

[34]　Sudhakar T, Inbarani H. Spatial group mobility model scenarios formation in mobile ad hoc networks[C]. International Conference on Computer Communication and Informatics, Coimbatore, India, 2017: 1-5.

[35]　Musolesi M, Mascolo C. A community based mobility model for ad hoc network research[C]. Proceedings of the 2nd International Workshop on Multi-hop Ad Hoc Networks: From Theory to Reality, Florence, Italy, 2006: 31-38.

[36]　Foroozani A, Gharib M, Hemmatyar A, et al. A novel human mobility model for MANETs based on real data[C]. 23rd International Conference on Computer Communication and Networks, Shanghai, China, 2014: 4-7.

[37]　Fu Y, Liu G, Ge Y, et al. Representing urban forms: a collective learning model with heterogeneous human mobility data[J]. IEEE Transactions on Knowledge and Data Engineering, 2018, 31(3), 535-548.

[38]　Hsu W, Spyropoulos T, Psounis K, et al. Modeling time-variant user mobility in wireless mobile networks[C]. IEEE 26th International Conference on Computer Communications, Barcelona, Spain, 2007: 758-766.

[39] 孙加加. 机会网络中基于校园社区的移动模型设计与评估 [D]. 广州: 华南师范大学, 2014.

[40] Zhang L, Cai Z, Lu J, et al. Spacial mobility prediction based routing scheme in delay/disruption-tolerant networks[C]. Proceedings of International Conference on Identification, Information and Knowledge in the Internet of Things 2014, Beijing, China, 2014: 274-279.

[41] Zhang L, Cai Z, Lu J, et al. Mobility-aware routing in delay tolerant networks[J]. Personal and Ubiquitous Computing, 2015, 19(7): 1111-1123.

[42] Liu S, Wang X, Zhang L, et al. A social motivation-aware mobility model for mobile opportunistic networks[J]. KSII Transactions on Internet and Information Systems, 2016, 10(8): 3568-3584.

[43] Hong X, Gerla M, Pei G, et al. A group mobility model for ad hoc wireless networks[C]. Proceedings of the 2nd ACM International Workshop on Modeling, Analysis and Simulation of Wireless and Mobile Systems, Seattle, Washington, USA, 1999: 53-60.

[44] Eagle N, Pentland A. Reality mining: sensing complex social systems[J]. Personal Ubiquitous Computing, 2006, 10(4): 255-268.

[45] 陈成明, 虞丽娟, 凌培亮, 等. 基于远洋渔船作业场景的机会网络移动模型 [J]. 同济大学学报 (自然科学版), 2018, 46(8): 1107-1114.

[46] McNett M, Voelker G. Access and mobility of wireless PDA users[J]. Mobile Computing Communications Review, 2005, 9(2): 40-55.

[47] Zhang X, Kurose J, Levine B, et al. Study of a bus-based disruption-tolerant network: mobility modeling and impact on routing[C]. Proceedings of the 13th annual ACM International Conference on Mobile Computing and Networking, Montreal, Canada, 2007: 195-206.

[48] Hui P, Chaintreau A, Scott J, et al. Pocket switched networks and human mobility in conference environments[C]. Proceedings of the 2005 ACM SIGCOMM workshop on Delay-tolerant networking, Philadelphia, USA, 2005: 244-251.

[49] Lee K, Hong S, Kim S, et al. SLAW: self-similar least-action human walk[J]. IEEE/ACM Transactions on Networking, 2012, 20(2): 515-529.

[50] Chaintreau A, Hui P, Crowcroft J, et al. Impact of human mobility on opportunistic

forwarding algorithms[J]. IEEE Transactions on Mobile Computing, 2007, 6(6): 606-620.

[51] Chaintreau A, Hui P, Crowcroft J, et al. Impact of human mobility on the design of opportunistic forwarding algorithms[C]. Proceedings IEEE 25th International Conference on Computer Communications, Barcelona, Spain, 2006: 23-29.

[52] Wang X, Lin Y, Zhang S, et al. A social activity and physical contact-based routing algorithm in mobile opportunistic networks for emergency response to sudden disasters[J]. Enterprise Information Systems, 2017, 11(5): 597-626.

[53] 张珊珊. 面向紧急情况下 DTN 网络的移动模型和路由算法的研究 [D]. 西安: 陕西师范大学, 2015.

[54] 陈林秀. 一种校园 MANET 移动模型及其路由性能分析 [D]. 成都: 西南交通大学, 2005.

[55] 郭航, 王兴伟, 黄敏, 等. 基于半马尔科夫过程的 DTN 节点移动模型 [J]. 小型微型计算机系统, 2011, 32 (7): 1273-1276.

[56] Guo D, Cheng G, Zhang Y, et al. Data distribution mechanism over opportunistic networks with limited epidemic[J]. China Communications, 2015, 12(6): 154-163.

[57] Zhao Y, Song W. Survey on social-aware data dissemination over mobile wireless networks[J]. IEEE Access, 2017, 5: 6049-6059.

[58] Aung C, Ho I, Chong P. Store-carry-cooperative forward routing with information epidemics control for data delivery in opportunistic networks[J]. IEEE Access, 2017, 5: 6608-6625.

[59] Wang S, Wang X, Cheng X, et al. Fundamental Analysis on Data Dissemination in Mobile Opportunistic Networks With Lévy Mobility[J]. IEEE Transactions on Vehicular Technology, 2017, 66(5): 4173-4187.

[60] Liu Y, Bashar A, Li F, et al. Multi-copy data dissemination with probabilistic delay constraint in mobile opportunistic device-to-device networks[C]. IEEE 17th International Symposium on A World of Wireless, Mobile and Multimedia Networks, Coimbra, Portugal, 2016: 21-24.

[61] Wang S, Wang X, Huang J, et al. The potential of mobile opportunistic networks for data disseminations[J]. IEEE Transactions on Vehicular Technology, 2016, 65(2): 912-922.

[62] Wang X, Lin Y, Zhao Y, et al. A novel approach for inhibiting misinformation propagation in human mobile opportunistic networks[J]. Peer-to-Peer Networking and Applications, 2017, 10(2): 377-394.

[63] Zhang L, Yu S, Huang Y, et al. An efficient content dissemination approach for mobile e-learning[C]. 3rd International Conference on Modern Education and Social Science (MESS 2017), Nanjing, China, 2017: 655-660.

[64] 王震. 机会网络中数据分发机制的研究 [D]. 北京: 北京邮电大学, 2013.

[65] 叶晖. 机会网络数据分发关键技术研究 [D]. 长沙: 中南大学, 2010.

[66] 程刚. 分层机会网络中数据分发机制关键技术研究 [D]. 北京: 北京邮电大学, 2015.

[67] 叶晖. 机会网络高效数据分发技术 [M]. 成都: 电子科技大学出版社, 2014.

[68] 孙菲. 机会网络中基于社区的数据分发机制研究 [D]. 南京: 东南大学, 2014.

[69] 潘双. 机会网络中基于节点自主认知的数据分发技术研究 [D]. 长沙: 湖南大学, 2014.

[70] 姚建盛. 自私性机会网络数据分发关键技术研究 [D]. 哈尔滨: 哈尔滨工程大学, 2017.

[71] 刘虎. 基于博弈论的机会网络数据分发机制研究 [D]. 哈尔滨: 哈尔滨工业大学, 2015.

[72] 赵广松, 陈鸣. 自私性机会网络中激励感知的内容分发的研究 [J]. 通信学报, 2013, 34(2): 73-84.

[73] Mantas N, Louta M, Karapistoli E, et al. Towards an incentive-compatible, reputation-based framework for stimulating cooperation in opportunistic networks: a survey[J]. IET Networks, 2017, 6(6): 169-178.

[74] Zhan Y, Xia Y, Liu Y, et al. Incentive-aware time-sensitive data collection in mobile opportunistic crowdsensing[J]. IEEE Transactions on Vehicular Technology, 2017, 66(9): 7849-7861.

[75] Li L, Yang Qin Y, Zhong X, et al. An incentive aware routing for selfish opportunistic networks: a game theoretic approach[C]. 8th International Conference on Wireless Communications & Signal Processing, Yangzhou, China, 2016: 13-15.

[76] Liu Y, Yan L, Liu K, et al. Incentives for delay-constrained data query in mobile opportunistic social networks[C].35th Chinese Control Conference, Chengdu, China, 2016: 27-29.

[77] Liu Q, Liu M, Li Y, et al. A novel game based incentive strategy for opportunistic

networks[C].IEEE Global Communications Conference, San Diego, USA, 2015: 6-10.

[78] Wei H, Zhang Y, Guo D, et al. CARISON: A community and reputation based incentive scheme for opportunistic networks[C]. Fifth International Conference on Instrumentation and Measurement, Computer, Communication and Control, Qinhuangdao, China, 2015: 18-20.

[79] Zhou H, Wu J, Zhao H, et al. Incentive-driven and freshness-aware content dissemination in selfish opportunistic mobile networks[J]. IEEE Transactions on Parallel and Distributed Systems, 2015, 26(9): 2493-2505.

[80] 李云, 于季弘, 尤肖虎. 资源受限的机会网络节点激励策略研究 [J]. 计算机学报, 2013 , 36(5): 947-956.

[81] 杨伟. 基于博弈论的机会网络节点激励机制研究 [D]. 太原: 中北大学, 2016.

[82] 于季弘. 机会网络中的节点激励策略研究 [D]. 重庆: 重庆邮电大学, 2013.

[83] 朱长城. 机会网络中基于信誉的激励机制研究 [D]. 南京: 东南大学, 2014.

[84] 陈国利. 基于激励的机会网络协作传输机制 [D]. 北京: 北京邮电大学, 2015.

[85] 姚建盛, 马春光, 袁琪. 基于效用的机会网络 "物–物交换" 激励机制 [J]. 通信学报, 2016, 37 (9): 102-110.

[86] 李向丽, 宣茂义. 自私性机会网络中的节点激励策略研究 [J]. 计算机科学, 2017, 44(4): 213-217.

[87] Gupta S, Dhurandher S, Woungang I, et al. Trust-based security protocol against blackhole attacks in opportunistic networks[C]. IEEE 9th International Conference on Wireless and Mobile Computing, Networking and Communications, Lyon, France, 2013: 7-9.

[88] Salehi M, Boukerche A. A comprehensive reputation system to improve the security of opportunistic routing protocols in wireless networks[C]. IEEE Global Communications Conference, San Diego, USA, 2015: 6-10.

[89] Vien Q, Le T, Duong T. Opportunistic secure transmission for wireless relay networks with modify-and-forward protocol[C]. IEEE International Conference on Communications, Paris, France, 2017: 1-6.

[90] 陈曦, 马建峰. 基于身份加密的机会网络安全路由架构 [J]. 计算机研究与发展, 2011, 48(8):

1481-1487.

[91] 陈先棒. 机会网络安全机制的设计与研究 [D]. 南京: 东南大学, 2016.

[92] 王佳. 机会网络中基于激励的安全路由算法研究 [D]. 大连: 大连理工大学, 2013.

[93] 邓薇. 抗虚假信任值的机会网络路由机制研究 [D]. 大连: 大连理工大学, 2016.

[94] 吴越, 李建华, 林闯. 机会网络中的安全与信任技术研究进展 [J]. 计算机研究与发展, 2013, 50(2): 278-290.

[95] Zakhary S, Radenkovic M, Benslimane A. Efficient location privacy-aware forwarding in opportunistic mobile networks[J]. IEEE Transactions on Vehicular Technology, 2014, 63(2): 893-906.

[96] Lu R, Lin X, Shi Z, et al. IPAD: an incentive and privacy-aware data dissemination scheme in opportunistic networks[C]. IEEE International Conference on Computer Communications, Turin, Italy, 2013: 445-449.

[97] Zakhary S, Radenkovic M. Utilizing social links for location privacy in opportunistic delay-tolerant networks[C]. IEEE International Conference on Communications, Ottawa, Canada, 2012: 1059-1063.

[98] Magaia N, Borrego C, Pereira P, et al. PRIVO: A privacy-preserving opportunistic routing protocol for delay tolerant networks[C]. IFIP Networking Conference and Workshops, Stockholm, Sweden, 2017: 1-9.

[99] Wang X, Wang L, Ning Z. A privacy-reserved approach for message forwarding in opportunistic networks[C]. IEEE 31st International Conference on Advanced Information Networking and Applications, Taipei, China, 2017: 1070-1075.

[100] Zhang L, Li Y, Wang L, et al. An efficient context-aware privacy preserving approach for smartphones[J]. Security and Communication Networks, 2017, 1: 1-11.

[101] Zhang L, Cai Z, Wang X. FakeMask: a novel privacy preserving approach for smartphones[J]. IEEE Transactions on Network and Service Management, 2016, 13(2): 335-348.

[102] 史强. 机会网络中基于 PKI/PMI 体系的节点身份隐私保护方案 [D]. 开封: 河南大学, 2014.

[103] 刘云浩. 群智感知计算 [J]. 中国计算机学会通讯, 2012, 8(10): 38-42.

[104]　Li H, Ota H, Dong M, et al. Mobile crowdsensing in software defined opportunistic networks[J]. IEEE Communications Magazine, 2017, 55(6): 140-145.

[105]　Karaliopoulos M, Telelis O, Koutsopoulos I. User recruitment for mobile crowdsensing over opportunistic networks[C]. IEEE Conference on Computer Communications, Hong Kong, China, 2015: 2254-2262.

[106]　Tamai M, Hasegawa A. Data aggregation among mobile devices for upload traffic reduction in crowdsensing systems[C]. 20th International Symposium on Wireless Personal Multimedia Communications, Bali, Indonesia, 2017: 554-560.

[107]　Capponi A, Fiandrino C, Kliazovich D, et al. Energy efficient data collection in opportunistic mobile crowdsensing architectures for smart cities[C]. IEEE Conference on Computer Communications Workshops, Atlanta, USA, 2017: 307-312.

[108]　陈翔. 基于社会行为的移动群智感知机会式数据分发 [D]. 南京: 南京邮电大学, 2016.

[109]　赵东. 移动群智感知网络中数据收集与激励机制研究 [D]. 北京: 北京邮电大学, 2014.

[110]　熊永平, 刘伟, 刘卓华. 机会群智感知网络关键技术 [J]. 中兴通讯技术, 2015, 21(6): 19-22.

[111]　Zhan Y, Xia Y, Zhang J, et al. Incentive mechanism design in mobile opportunistic data collection with time sensitivity[J]. IEEE Internet of Things Journal, 2018, 5(1): 246-256.

[112]　Akpolat G, Valerdi D, Zeydan E, et al. Mobile opportunistic traffic offloading: a business case analysis[C]. European Conference on Networks and Communications, Athens, Greece, 2016: 143-147.

[113]　Zhang X, Yang Z, Liu Y, et al. Toward efficient mechanisms for mobile crowdsensing[J]. IEEE Transactions on Vehicular Technology, 2017, 66(2): 1760-1771.

[114]　Xiao M, Wu J, Huang L, et al. Online task assignment for crowdsensing in predictable mobile social networks[J]. IEEE Transactions on Mobile Computing, 2017, 16(8): 2306-2320.

[115]　Yang D, Xue G, Fang X, et al. Crowdsourcing to smartphones: incentive mechanism design for mobile phone sensing[C]. 18th International Conference on Mobile Computing and Networking, Istanbul, Turkey, 2012: 173-184.

第 2 章　移动机会网络路由经典算法

数据路由问题是移动组网技术的核心问题之一，一直以来都是网络领域研究的基础问题和热点。相比传统移动自组织网络，移动机会网络尤其关注日常生活中携带移动智能设备的普通用户采用短距离无线通信技术进行资源共享和数据传输的问题，这类问题面临节点移动频繁、移动范围广、数据时延长、传输链路中断频繁、端到端的传输路径缺乏、节点资源严重受限等诸多挑战，导致在移动机会网络中无法直接使用传统的网络数据路由算法。基于存储-携带-转发的数据传输模式，研究学者提出了大量针对移动机会网络的路由算法。

本章对目前已有的移动机会网络路由算法进行了对比和分类，重点介绍经典的移动机会网络路由算法，并基于 ONE 网络仿真平台设计多种应用场景，对经典路由算法的性能进行了仿真实验分析。

2.1　移动机会网络路由算法分类

由于移动机会网络中的节点之间往往不存在端到端稳定的通信路径，数据路由问题实际上等同于一个携带待转发数据包的节点实施数据包转发决策的问题：当前节点依据自身获得的信息选择哪个或哪些节点作为下一跳中继节点，以及何时转发数据包给相应的中继节点。因此，移动机会网络的数据路由问题往往不是单独存在的，也不是由网络层唯一确定的，而是由应用层、传输层、网络层甚至是数据链路层相互协作实现的，即数据路由协议需要跨层设计 [1-3]。此外，移动机会网络可以应用于缺乏通信基础设施的车载自组织网络、野生动物追踪 (陆地、水下和空中)、偏远地区网络、手持设备组网以及移动群智感知等各个领域。因此，移动机会网络与具体应用紧密相关，应用场景不同，优化目标和路由算法可能存在巨大差别。

2.1.1　常见分类方法

参考 Internet 路由算法分类, 根据源节点 (产生数据包的节点) 和目的节点 (接收数据包的节点) 的对应关系, 移动机会网络路由算法可以分为单播 (unicast)、多播 (multicast)[4,5] 和任播 (anycast)[6,7]。它们的区别在于目的节点个数的不同。在单播中, 一个数据包 (也称消息) 的目的节点是唯一的; 在多播中, 源节点产生的数据包存在多个目的节点, 这些目的节点可以用名字标识, 也可以用目的节点所共有的、独特的属性描述; 在任播中, 源节点产生的数据包只需要传送到多个目的节点的任何一个即可, 而不需传送给所有的目的节点。在移动机会网络中, 多播主要应用于数据分发/扩散 (data dissemination/distribution)。一个数据分发的典型应用是一家商店把其商品的折扣信息分发或经多跳转发给可能对商品感兴趣的潜在的消费者。其他类似的应用包括政府部门向特定人群发送某些提示或警告信息。在任播中, 一个数据包具有多个目的节点, 但只需将其送达到其中的一个目的节点, 需假设: 收到数据包的那个目的节点能够以低成本的方式或通过其他渠道共享该数据包。在移动机会网络中, 任播的主要应用是数据分发/扩散。多个目的节点往往构成一个组, 可以被看作一个特殊节点。以距离或成本最小化为优化目标, 数据包需要被传送到组中成本最低的节点。此外, 移动机会网络中任播的一个应用是解决生产者/消费者问题。源节点为数据包的生产者, 目的节点是数据包的消费者。移动机会网络中产生数据包 (即提供服务) 的源节点往往有多个, 一个消费者只关心接收数据包的效率, 如安全、时间短、成本低, 而不关心提供数据包的源节点的位置等信息。

根据网络中数据包的副本数目, 移动机会网络路由算法可以分为单副本路由和多副本路由。顾名思义, 在单副本路由算法中, 一个数据包自产生到其被传送到目的节点或因其生存时间 (time-to-live, TTL) 减至 0 而被丢弃为止, 网络中只存在该数据包的一个副本。单副本路由算法隐含的思想是, 当一个节点将一个数据包通过无线信道传输给相应的中继节点后, 删除缓存在本节点的数据包副本。因此,单副本路由算法也被称为基于转发策略的路由算法。与之相反，在多副本路由算法中，网络中一般存在一个数据包的多个副本，一个节点可能复制一个数据包的多个副本给多个邻居节点，并且在复制后仍然保留原数据包的副本。多副本路由算法也被称为基于复制策略的路由算法。一般情况下，多副本路由算法的路由性能往往优于单副本路由算法，一般具有较高的消息投递成功率和较低的消息传输延迟，但这往往是以较高的网络资源消耗为代价的。为了提高消息投递成功率和降低消息传输延迟，单副本路由算法经常挖掘和利用网络的某些特征，如节点移动和相遇规律、节点的社会属性等。

根据是否依靠通信基础设施辅助，移动机会网络路由算法可以分为基础设施辅助路由和非基础设施辅助路由。虽然移动机会网络完全可以不依赖于任何通信基础设施而独立运行，但借助基础设施可以有效提高网络性能。与移动机会网络路由相关的基础设施分为两类：一类是位置固定的通信设施，如 WiFi 热点、路侧单元 (road side unit, RSU)、通信基站等，另一类是可移动的通信节点，也被称为消息渡船 (message ferry) 和数据骡子。在固定基础设施辅助路由中，普通的移动节点通常需要经过多跳转发将数据传送至较近的基础设施辅助节点，基础设施辅助节点往往具有更大的缓存、计算和通信资源，其能量往往无限或可实现自动充电，因此被广泛应用于数据广播、数据收集和数据缓存应用，并在边缘计算领域得到广泛应用。Lu 等 [8] 提出了一种面向通信基础设施的批量数据广播和调度策略，实现了为大量附近移动节点提供高效的数据广播服务。Wang 等 [9] 提出了一种异构网络环境下动态数据下载算法，普通的移动节点通过该算法可在免费但时延较长的基础设施通信和费用高但时延短的蜂窝通信中做出决策，实现了时延和费用均衡。在移动基础设施辅助路由中，移动机会网络往往被划分为多个空间上分离的区域，普通节点一般属于一个区域并在该区域内自由移动，而移动的基础设施节点，则可以跨区域移动，作为数据中继节点实现多个区域的数据扩散。Zhao 等 [10] 基于节点社会属性选择 Top-K 节点作为跨区域节点的移动机会网络路由算法，充分利用跨区域节点实现数据的跨区域转发。Zhao 等 [11] 提出了满足数据流量需求的跨区域节点选择算法、节点中继选择算法，以达到最小化数据传输延迟的目标。Polat

等 [12] 提出了一种跨区域节点的路径规划算法,以协助区域间的数据传输。由于非基础设施辅助路由算法不依赖于任何通信基础设施,因此得到了广泛研究,并取得了一系列成果。本书主要介绍和研究移动机会网络的非基础设施路由算法。

根据是否依赖移动或相遇预测,移动机会网络路由算法可分为移动感知路由算法和非移动感知路由算法。移动机会网络中的数据传输主要依赖于节点移动所带来的相遇机会,因此通过分析和利用节点移动行为特征,如节点相遇频率和相遇间隔时间,将有助于选择合适的中继节点,从而提高数据传输性能。移动感知路由算法通过分析节点的移动轨迹、相遇时长和相遇间隔时间等历史数据,构造节点移动或相遇模型,当携带待转发数据包的节点与一个或若干个节点相遇时,依据所构造的模型,基于某种路由优化目标,计算和度量所相遇节点携带数据包的收益,从而选择最优的中继节点。因此,移动感知路由算法得到了广泛的研究和关注,并取得了一系列研究成果。在某些移动机会网络应用场景中,节点移动频繁,节点移动轨迹和节点相遇规律性不明显,构造节点移动或相遇模型的计算、存储和通信资源耗费巨大且严重影响路由性能。此时,非移动感知路由算法具有显著优势。非移动感知路由算法无需构造节点移动或相遇模型,因而节省了大量额外的计算、存储和通信资源。其中,最典型的非移动感知路由算法是基于泛洪策略的传染病路由算法,任意相遇的两个节点之间通过交换彼此未携带的数据包而使得每个数据包逐渐在整个网络中扩散并最终传输到目的节点。显然,经典传染病路由算法在节点缓存和网络带宽无限等理想情况下,能够获得最高的消息投递成功率和最小的传输延迟。但是,在现实场景中,节点的计算、缓存、能量和网络通信带宽均有限,这严重限制了传染病路由算法的性能。为了提高传染病路由性能,研究学者提出了一系列改进的受控传染病路由算法 [13-19]。这些改进的路由算法通过限制网络中的副本数,以减少资源消耗为目标,从而期望提高网络路由性能。

根据是否依据节点社会关系和社会属性,移动机会网络路由算法可分为社会感知路由算法和非社会感知路由算法。节点的社会属性和社会关系是社交网络研究的重点,一般基于社会网络分析技术展开研究。节点的社会属性一般包括社区、中心性、相似性和自私性等。社会感知路由算法往往建立在一定的社会性假设基础上，如相似度越大的节点之间和处于同一社区的节点之间的相遇机会越多。此外，节点的自私性一般描述节点的自私行为，自私节点往往不乐意为其他节点服务，可能拒绝接收需要它转发的数据包，或者将目的节点不是自身或其好友的数据包丢弃。因此，解决节点自私性路由算法的研究主要采用激励机制和信任机制。基于激励机制的路由算法一般采用检测并排除自私性程度高的节点的屏蔽策略，或者节点为帮助其转发数据的其他节点支付虚拟货币的虚拟贸易策略；而基于信任机制的路由算法一般通过评价和度量节点的信任值，在选择中继节点时尽量选取节点信任度高的节点。

基于是否考虑无线链路的广播特性，移动机会网络路由算法可分为基于广播的路由算法和基于点到点的路由算法。在移动机会网络中，节点进行数据传输所采用的方式是无线广播，其特点决定了附近的节点均能感知到无线信道并能接收到数据。因此，基于广播的路由算法可以在一定程度上减小数据发送次数，尤其在不可靠的无线信道环境下。在一个节点广播数据包时，由于信道质量、信号干扰的存在，可能只有部分邻居节点成功收到了数据包，此时，数据包的发送节点可以从成功接收到数据包的邻居节点中选择效用值最大的节点作为数据包的中继节点，从而较少数据重传次数。虽然两个节点之间的无线数据传输属于数据链路层和物理层的任务，但移动机会网络的数据路由和数据传输往往是跨层设计的，目标是尽可能优化网络路由性能。经典的传染病路由算法可以通过广播实现，从而在一个节点与多个节点相遇时可以大幅减少数据传输次数。

2.1.2 移动机会网络路由算法分类体系

本书主要关注移动机会网络的单播数据路由和数据传输。根据是否考虑无线链路的广播特性，移动机会网络路由算法可分为基于广播的路由算法和基于点到点的路由算法；根据是否依靠基础通信设施辅助，移动机会网络路由算法可分为基础设施辅助路由算法和非基础设施辅助路由算法。在非基础设施辅助路由算法中，根据是否依据节点社会关系，可分为社会感知路由算法和非社会感知路由算法；在点对点的路由算法中，根据数据包的副本数目，可分为单副本路由算法和多副本路由算法。在社会感知路由算法中，根据是否进行节点移动预测和相遇预测，可进一步分为移动感知路由算法和非移动感知路由算法；在非移动感知路由算法中，可进一步分为基于激励机制的路由算法和基于信任机制的路由算法。

本章的移动机会网络路由算法分类体系如图 2-1 所示。

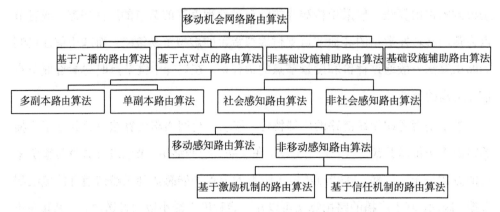

图 2-1 移动机会网络路由算法分类

2.2 典型路由算法简介

2.2.1 传染病路由算法

Vahdat 和 Becker[20] 提出了适用于移动机会网络的传染病路由算法，它本质上是一种基于泛洪策略的路由算法，通过模仿病毒的传播方式，相遇的节点之间都会"传染"这个消息，直到这个消息被传播到网络中几乎所有节点的缓存中，在这个过程中目的节点也会被"传染"，从而达到源节点产生的消息传输到目的节点的目的。在传染病路由算法中，每个携带消息的节点都将消息转发给所有在其通信范围内的邻居节点，这使得消息在网络中能够经过多条路径快速地存储和转发，能够保证找到到达目的节点的最短路径，从而在网络带宽很高、缓存近乎无限的理想情况下使得消息的投递成功率很高，数据传输延迟很小。但是，由于传染病路由算法采用基于泛洪策略的多副本机制，对节点的缓存能力要求较高。事实上，节点的存储能力往往有限，这就不可避免地造成当存储空间全部被占用后，如果要继续接收消息, 就会有消息被删除和替换, 造成较大的丢包率, 同时大量的传递和储存消息需要消耗较多的缓存、能量和网络带宽。因此, 传染病路由算法在节点缓存与网络带宽充足的网络环境中, 能达到较好的网络性能, 实现消息投递成功率的最大化和网络延时的最小化。相反, 在网络资源受限环境下, 由于洪泛生成过多的消息副本会产生较大的开销, 导致其消息投递成功率偏低, 进而导致网络的资源利用率低和整体运行效能低下。

图 2-2 描绘了传染病路由算法的数据转发过程, 在图 2-2(a) 中, 在时刻 t_1, 源节点 S 试图把消息传递给目的节点 D, 但节点 D 不在其通信范围内, 也不存在从节点 S 到节点 D 的通信链路。因此, 节点 S 将消息转发给在它的通信范围内的两个邻居节点 A 和 B。一段时间后, 即在时刻 t_2, 如图 2-2(b) 所示, 节点 B 进入节点 C 的通信范围, 将消息转发给 C。而节点 C 又在目的节点 D 的通信范围内, 最终将消息传递给它的目的节点 D。

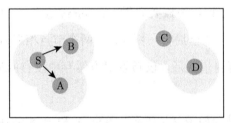 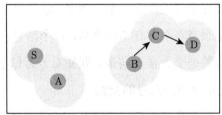

(a) 时刻 t_1 (b) 时刻 t_2

图 2-2 传染病路由算法过程示例

传染病路由算法的提出主要是为了要实现以下三个目标: 最大化消息投递成功率、最小化传输延迟以及尽可能降低网络资源消耗。事实上, 在网络带宽和节点能量、缓存等充足的情境中, 传染病路由算法能够以巨大的网络资源消耗为代价, 实现其前两个目标。

由此可见, 传染病路由算法是一个鲁棒性极佳的算法, 它不需要网络拓扑和节点特征的任何假设, 能够顺畅地运行于各种网络环境。因此, 鉴于传染病路由算法的简单性和鲁棒性, 研究学者在传染病路由算法的基础上引入了很多改进思想, 主要包括如下几个方面:

(1) 不确定路由。源节点无法了解网络中其他节点的位置，和传统有线网络路由协议相比，在传输过程中存在不确定因素。

(2) 资源分配问题。由于多副本机制存在，需要在性能提升和资源消耗之间进行折中。

(3) 性能评价。需要在多维度下评价路由算法性能，如传输成功率、传输延迟、能量消耗、能量均衡和网络生存期等。

(4) 可靠性问题。该算法的传输成功率仅能用一个概率来表达，对于某些需要确认消息到达目的节点的服务存在可靠性保障问题。

(5) 安全性问题。消息在到达目的节点前，可以经由任何节点，因此存在不可靠节点失效风险和恶意节点的攻击威胁。

在传染病路由算法中，每个节点维护一个缓存区，缓存区中存放自身产生的消息和产生于其他节点而暂时需要本节点转发的消息。为了加快消息交换的速度，每个节点中可以维护一个散列表，该散列表也被称为概要向量 (summary vector)，用来记录节点中存有哪些消息，每个消息有一个全局唯一标识。当两个节点相遇时，双方首先交换概要向量，获知对方存储消息情况后，仅转发对方缓存中没有的消息，从而完成消息的交换。

传染病路由算法中消息交换的具体过程如图 2-3 所示。节点 A 和 B 相遇后，首先节点 A 将其概要向量 (SV_A) 发送给节点 B。然后，节点 B 根据 SV_A 和它自己的概要向量 (SV_B) 计算出节点 A 携带而节点 B 缓存中没有的消息 ($\overline{SV_B}$)，并向 A 请求发送这些消息。最后，节点 A 把 B 需要的消息转发给 B。每当两个节点相遇时，重述上述过程。

在一些场景中，因为移动机会网络可能因节点受通信范围的限制而导致网络中不存在端到端的路径，所以现有的路由算法难以实现消息的成功传输。但是在间歇性连接的理想网络场景中，传染病路由算法能够实现几乎全部的消息传输。文献 [20] 的仿真实验结果表明，在某种特殊的场景中，传染病路由算法的消息成功投递率能达到 100%。因此，虽然传染病路由算法使得网络资源的消耗增加，但在大部分情况下仍然是成功传输数据的一种可行路由方法。

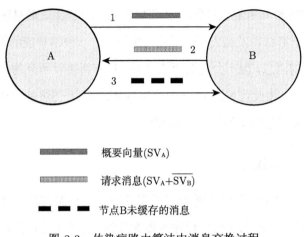

概要向量(SV$_A$)

请求消息(SV$_A$+$\overline{SV_B}$)

节点B未缓存的消息

图 2-3 传染病路由算法中消息交换过程

2.2.2 直接递交路由算法

直接递交 (direct-delivery,DD) 路由算法是简单、保守的单副本路由算法。在直接递交路由算法中,产生消息的源节点一直保留该消息,直到其遇到目的节点时,才把消息发送出去。显而易见,与其他路由算法相比,直接递交路由算法消耗的网络资源最少,但同时产生了最大的数据传输延时。

在该路由算法中,源节点将产生的消息存储在自身的存储器中,并在网络中移动,直至与目的节点相遇,其存储的消息才被转发给目的节点。直接递交路由算法采用单副本机制,对网络节点的存储空间要求较小,资源利用率较高,适用于目的节点定期出现的情况,如周期性收集特定数据等情形。但是,在运用该算法时,仅当源节点与目的节点相遇时,源节点才将所存储的消息转发给目的节点。这限制了其应用的场景,可能需要源节点保存消息较长时间,对节点的缓存空间和能量有较高的要求,而就性能指标来说,消息投递成功率较低,网络负载率太大。

2.2.3 首次接触路由算法

与直接递交路由算法一样,首次接触 (first-contact,FC) 路由算法是一种简单的单副本路由算法,携带消息的节点在转发消息时不进行任何智能决策,只是将消息从当前节点转发给其所遇到的第一个邻居节点。为了保证消息副本在网络中的唯一性，节点在把消息转发出去后，不再保留消息。一种稍智能的策略是，节点仍然保留成功转发的消息，但不会将其再次转发，只有新接收消息的节点才具有再次转发该消息的权限。由此可见，首次接触路由算法实际上仍然是一种盲目的路由算法，一般将其作为其他路由算法的参照算法。

2.2.4 扩散等待路由算法

在移动机会网络中，单副本路由可以有效降低资源尤其是网络带宽和节点缓存的消耗，但这往往以较大的数据传输延迟为代价，而基于泛洪策略的传染病路由算法的主要缺陷在于网络带宽资源以及节点缓存资源的巨大消耗，其原因主要在于消息副本个数的不可控性，只要邻居节点尚未接收到本节点缓存的消息，消息就被直接转发和复制。为了有效控制网络负载率和减少节点缓存资源耗费，研究学者提出了一系列针对传染病路由算法的改进算法，其中较为经典的是 Spyropoulos 等 [14] 提出的扩散等待 (spray-and-wait，SW) 路由算法。

扩散等待路由算法的目标是严格控制消息副本个数并尽可能快地将消息扩散出去。一个消息自产生后，主要经历两个阶段：扩散 (spray) 阶段和等待 (wait) 阶段。源节点产生消息时，将附带一个整数值 L，表示消息副本总数。如果一个节点缓存的一个消息的副本个数大于 1，则认为该消息处于扩散阶段；反之，如果一个节点只缓存了消息的一个副本，则认为该消息处于等待阶段。因此，一个消息在不同的节点中可能处于不同的阶段。在扩散阶段，当节点与其他节点相遇时，如果所遇到的邻居节点不是该消息的目的节点并且没有缓存该消息，则节点将该消息的一定数量的副本转发给邻居节点，并保证该消息在这两个节点的副本数之和不变。在等待阶段，由于节点只缓存了唯一一个消息副本，该节点将一直携带此消息直到遇到了消息的目的节点。

由此可见，消息在等待阶段的传输过程与直接递交路由算法相同。因此，扩散等待路由算法也可视为基于泛洪策略和直接投递策略的有效结合，它继承了传染病路由算法的传输延迟低、跳数少的特点，并通过控制消息在网络中的副本个数，实现了对网络带宽资源和节点缓存资源耗费的有效控制,在一定程度上避免了传染病路由算法的缺陷。

根据在最初的扩散阶段中如何进行消息副本扩散的问题,扩散等待路由算法可以设计多种不同的启发式方法。二分扩散等待路由算法可以视为是扩散等待路由算法的一种改进。该算法的机制是,假设源节点 A 产生 L 个消息副本,当源节点 A 遇到中继节点 B 时,将 $L/2$ 个消息副本转发给中继节点 B,自己保留剩余 $L/2$ 个消息副本;随后源节点和中继节点重复进行上述过程,直到所有节点中只有一个副本消息为止。此时,消息转入等待阶段,节点采用直接递交方式直接把该消息传输给目的节点。

由于二分扩散等待路由算法中节点每次将自己副本的一半转发给相遇的新节点,直到所有节点只剩一个副本才停止转发,因此,网络中有更多的节点参与了转发消息副本的过程,进而加快了 L 个消息副本的转发速度并且减少了消息传输的平均时延。研究结果证明,在所有扩散等待路由算法中,二分扩散等待路由算法的消息转发速度是最快的,该转发过程看作一棵二叉树的生长过程。起初,源节点是根节点,最终 L 个拥有一个消息副本的节点是叶子结点。这棵树所有的节点总数是 $2^{1+\lg L} - 1$,通过这种方法构造的树的层数最少,即消息的转发速度最快。

与传染病路由算法相比,扩散等待路由算法具有显著的优点:数据传输量少,网络负载较低,算法简单便于执行。但也存在缺点,即在等待阶段采用直接递交路由的直接投递策略,进而加大了消息传输时延,故该算法适用于缓存和带宽较为充裕的网络环境中。

2.2.5 扩散集中路由算法

扩散等待路由算法的等待阶段采用的直接投递策略会显著延长数据的传输延迟,进而增加节点缓存资源耗费。针对上述问题,研究学者提出了一系列改进的路由方法 [21,22],在等待阶段,消息传输不再盲目地等待与目的节点相遇,而是采用一些启发式策略,将消息转发给比自身更容易与目的节点相遇的中继节点,从而以积极的数据转发策略来期望获得较短的数据传输延迟。一个典型的改进算法是 Spyropoulos 等 [21] 提出的扩散集中路由算法。

与扩散等待路由算法相同，扩散集中路由算法也分为两个阶段，且第一个阶段的消息扩散过程与扩散等待路由算法完全相同。但在集中阶段，当消息副本的中继节点只剩下一个消息副本时，与扩散等待路由算法的等待阶段不同。在扩散等待路由算法的等待阶段，节点通过直接递交策略将消息传输到目的节点，而在扩散集中路由算法中的集中阶段，节点可以根据给定的转发策略将消息再次转发到不同的中继节点。

在扩散集中路由算法中，源节点产生一个新消息的 L 个副本。如果一个节点携带消息的副本数量大于 1，则采用二分扩散策略继续把消息副本转发给中继节点；如果节点只剩下一个消息副本，则采用一个效用函数来选择中继节点进行转发，最初选用的效用函数只是基于一组计时器，这些计时器记录了任意两个节点最后一次相遇后的时间。具体地说，每个节点为网络中其他节点维护一个计时器，它记录了从两个节点最后相遇到现在时刻的时间间隔。文献 [21] 利用该时间间隔定义了一个效用函数 $U_i(j)$，表示节点 i 对节点 j 转发信息的能力。当节点 A 和节点 B 相遇时，如果 $U_B(x_D) > U_A(x_D) + U_{th}$，则节点 A 把目的节点 D 的消息转发给节点 B，这里的 U_{th} 是算法的一个效用阈值参数。除了计时器的值外，还可以考虑其他信息，如 GPS 位置以及速度等。这种策略的主要思想是当前节点如果发现其邻居节点与目的节点相遇的可能性比自身与目的节点相遇的可能性更大时，当前节点则认为以其邻居节点作为消息的中继节点将带来更好的收益，如能够缩短数据传输延迟，即进行消息的一次转发所产生的收益能够有效弥补相应的资源消耗。

研究发现，随着计时器值的增加，网络性能并不能得到较好提升，计时器很快成为了一个较差的指标。为了提高基于效用函数路由算法的效率，文献 [21] 利用相遇传递性进一步更新效用函数。当节点 A 和节点 B 经常相遇，而节点 B 和节点 D 也经常相遇，即使节点 A 与节点 D 几乎不相遇，那么节点 A 也可以被认为是将消息转发给节点 D 的一个很好候选节点，因为它可以借助节点 B 实现这个目标。为了体现上述思想, 当节点 A 与节点 B 相遇时, 它们的节点效用值也应该随之更新。

当具有计时器值 $\tau_A(x_D)$ 的节点 A 与具有计时器值 $\tau_B(x_D)$ 的节点 B 相遇时, 不妨设 $\tau_B(x_D) \ll \tau_A(x_D)$。用 d_{AB} 表示节点 A 和节点 B 之间的物理距离, $t_m(d)$ 表示在给定的移动模型下节点移动距离 d 所需的时间期望。不难看出, 如果 $\tau_B(x_D) - \tau_A(x_D) > t_m(d_{AB})$, 则两个计时器值中隐含的位置信息之间存在差异。平均而言, 计时器值之间的差异不应超过节点 B 在所给定的移动性模型下移动 d_{AB} 所需的时间期望, 即 $t_m(d_{AB})$。因此, 需要调整两个计时器中的一个。对于大多数非人为的移动模型, $\tau_B(x_D) < \tau_A(x_D)$ 意味着 $d_{BD} < d_{AD}$。此外, 位置不确定性会随着计时器值的增大而迅速降低。因此, 需要根据较小的计时器值调整较大的计时器值, 并且该调整的值应该等于 $t_m(d_{AB})$。基于这些原因, 文献 [21] 定义了新的时间传递性函数。

时间传递性: 令节点 A 在距离 d_{AB} 处与节点 B 相遇, $t_m(d)$ 表示一个节点在给定移动模型下移动距离 d 所花费的时间期望, 那么节点 A 按以下公式更新其计时器:

$$\tau_A(j) = \tau_B(j) + t_m(d_{AB}), \forall j \in B, \tau_B(j) < \tau_A(j) - t_m(d_{AB}) \tag{2-1}$$

时间传递性函数会由于移动模型的不同而有所差异。如果节点根据随机路点 (random way point, RWP) 模型移动, 则它在直线上移动的平均距离大于 d_{AB}。因此, 移动距离 d_{AB} 平均需要 d_{AB} 个时间单位, 此时按照公式 (2-2) 更新计时器:

$$\tau_A(j) = \tau_B(j) + d_{rwp}(d_{AB}), \forall j \in B, \tau_B(j) < \tau_A(j) - d_{AB} \tag{2-2}$$

而在随机游走 (random walk, RW) 模型的情况下, 节点平均需要 d_{AB}^2 个时间单位移动 d_{AB} 的距离, 此时按照公式 (2-3) 更新计时器:

$$\tau_A(j) = \tau_B(j) + d_{rw}^2(d_{AB}), \forall j \in B, \tau_B(j) < \tau_A(j) - d_{rw}^2(d_{AB}) \tag{2-3}$$

2.2.6   概率路由算法

传染病路由算法和扩散等待路由算法都属于多副本路由算法，它们的一个共同点在于：在消息产生的起初阶段，消息转发具有盲目性，即携带消息的节点与其他节点相遇时，为了尽快将消息扩散出去，不考虑所遇到节点的移动性等任何特性，直接将消息转发。为了避免消息扩散的盲目性，Lindgren 等 [23] 提出了概率路由算法，是一种基于概率的多副本路由算法。该路由算法的假设与扩散集中路由算法的集中阶段的假设基本相同：节点移动具有规律性，导致节点相遇具有规律性。在上述假设前提下，概率路由算法需要每个节点维护与其他节点的传输概率，并基于此概率决定当前节点是否将其携带的消息转发给所相遇的邻居节点，这里的传输概率指标用来描述节点之间成功传输消息的概率，实际上是当前节点能够与目的节点直接相遇或间接相遇的可能性的一种度量。

与扩散集中路由算法类似，每当一个节点与另一个节点相遇时，除了需要进行概要向量交换外，还需要交换传输概率值，只有当相遇节点与目的节点的传输概率值大于自身与目的节点的传输概率值时，节点才需要复制和转发相应消息。由此可见，概率路由算法结合了传染病路由算法和扩散集中路由算法的优点，克服了消息扩散阶段的盲目性，通过传输概率的估算和比较，选择到达目的节点概率更高的中继节点。通过这种有选择的消息转发和复制，概率路由算法可以有效避免不必要的消息转发，减少了节点缓存资源和网络带宽资源的耗费，并在一定程度上提高了网络性能。

传输概率值是基于两个节点的相遇历史计算的，其基本假设是：两个节点在一段时间内相遇越频繁，它们之间的传输概率值越大。传输概率值的计算包括三个部分：更新、随时间衰减和相遇传递性。两个节点 i 和 j 之间的传输概率值初始设置为 P_{init}，$P_{\text{init}} \in [0,1]$ 是初始常量。

每当节点 i 和 j 发生一次相遇，它们的传输概率值 $P_{i,j}$ 按照公式 (2-4) 更新，其中 $P'_{i,j}$ 为节点 i 和 j 之前维护的传输概率值，$P_{i,j}$ 为更新后的新值。由此可见，两个节点相遇越频繁，其传输概率值越大。

$$P_{i,j} = P'_{i,j} + (1 - P'_{i,j}) \cdot P_{\text{init}} \tag{2-4}$$

当两个节点长时间不相遇时,其传输概率应随之减少。为了描述这种现象,概率路由算法采用了传输概率随时间进行指数衰减的模型,按照公式 (2-5) 更新相遇概率值,其中 γ 表示衰减参数,$\gamma \in (0, 1)$,k 是两个节点 i 和 j 的自最后一次相遇到现在所经历的时间单位的个数。

$$P_{i,j} = P'_{i,j} \cdot \gamma^k \tag{2-5}$$

与扩散集中路由算法类似,传输概率的更新考虑了节点相遇的传递性,即节点 A 和节点 B 经常相遇,而节点 B 和节点 D 也经常相遇,即使节点 A 与节点 D 几乎不相遇,那么节点 A 也可以被认为是将消息转发给节点 D 的一个很好候选节点。为了刻画这种情况,概率路由算法通过交换两个相遇节点 i 和 j 各自维护的传输概率集合,并按照公式 (2-6) 更新传输概率,其中 $\beta \in [0, 1]$ 用于描述传递性对传输概率的影响,k 为一个不同于 j 的目的节点。

$$P_{i,k} = P'_{i,k} + (1 - P'_{i,k}) \cdot P'_{i,j} \cdot P'_{j,k} \cdot \beta \tag{2-6}$$

仿真结果表明,与传染病路由算法相比,在某些随机移动模型和社区模型中,概率路由算法具有更高的消息投递成功率和更低的数据传输延迟。

事实上,概率路由算法仍存在进一步的改进空间 [24]。概率路由算法的传输概率的更新只考虑了在一段时间内两个节点的相遇次数,并没有考虑每次相遇的时间长度以及相遇时间间隔的规律性。此外,当节点缓存的消息已满时,新接收的消息需要替换旧的消息,而消息被替换的策略一般依据先来先服务的规则,这显然没有考虑消息的重要性程度。另外,概率路由算法只考虑了节点之间的相遇情况,没有考虑节点的社会性、自私性等特征,而在某些场景中,这些特征对路由性能具有重要影响,因而可以成为路由算法设计中考虑的因素。

2.3   路由算法性能评价

衡量路由算法性能优劣的指标有许多, 通常采用以下三种性能指标:

(1) 消息投递成功率。消息投递成功率 (也称数据投递成功率, 简称投递率) 是指目的节点成功收到数据包的个数 N_d 和仿真时间内网络中所有产生数据包总数 N_g 的比值 N_d/N_g, 它是衡量路由算法性能的一个重要指标。在相同的时间内, 网络中产生了相同数量的数据包, 如果一个路由算法成功接收的数据包数量越多, 则说明该路由算法的投递性能越好。特别是在采用多副本路由策略下, 往往取得较高的消息投递成功率的同时, 伴随着高的消息转发代价, 也就是网络负载率。

(2) 网络负载率。网络负载率是指在数据包投递的过程中, 网络中所有节点转发数据包的总数 N_r 和成功投递数据包的总数 N_d 的比值, 也就是为了成功投递每个消息, 网络中所有节点需要转发的平均次数。在多副本的路由策略下, 网络负载通常是大于 1 的, 网络负载率越高, 说明成功传输数据包需要耗费的系统资源越多, 其实用性就越差。

(3) 平均投递延迟。平均投递延迟是指所有成功投递到目的节点的数据包从产生到成功投递到目的节点的过程中所花费时间的平均值。移动机会网络中数据包的投递延迟主要包括发送延迟、传输延迟、处理延迟、等待延迟以及缓存延迟, 其中主要关注的是缓存延迟。平均投递延迟一般是和网络负载率相关, 延迟越小, 网络的负载率就越高, 反之亦然。

除此之外, 在传统网络中采用的平均跳数有时也作为移动机会网络的性能评价指标。由于移动机会网络中一般不存在端到端的通信链路, 节点经常需要将消息缓存较长时间, 这导致即使一个路由算法的平均跳数较小, 其平均投递延迟也可能较大。平均跳数与平均投递延迟在移动机会网络中的相关性较差, 如首次相遇路由算法的平均跳数可能较大, 但其平均投递延迟可能较小。为了衡量路由算法在移动机会网络某些特征方面的表现, 研究学者还提出了其他的一些性能指标。

(1) 能量消耗。移动机会网络中的节点往往是能量和缓存资源受限的，节点能量消耗对网络生存期进而对消息投递成功率、平均投递延迟产生较大影响，因此成为路由算法经常考虑的核心问题之一。设计能量均衡的路由算法有望提升网络生存期，进而提升网络性能。

(2) 网络生存期。在能量受限的移动机会网络中，网络生存期成为一个重要的性能评价指标。研究学者通常将网络生存期定义为从网络开始直到网络中某一比例 (如 70%) 的节点因能量耗尽而失效的时间长度。网络生存期越长，成功投递的消息的个数往往越多，进而使其成为衡量网络性能的一个主要指标。

(3) 安全性、自私性和隐私性。在考虑节点易受到其他节点攻击而造成敏感信息泄露的情况下，安全和隐私保护成为移动机会网络需要考虑的首选指标之一。与传统网络一样，移动机会网络的路由算法面临着较多的安全威胁，包括 DoS 攻击、虚假路由攻击、确认欺骗和选择转发等。如何激励节点积极参与消息转发，保证消息转发的安全性和可靠性，并避免泄露节点敏感信息已成为目前移动机会网络路由算法研究的热点之一。

2.4 ONE 仿真平台介绍

目前，研究学者和机构已经开发了众多网络仿真工具，包括 NS2, NS3, OPNet, OMNET++, Qualnet, ONE, Matlab 等，其中 ONE(opportunistic network environment) 是一款用 Java 编写的仿真平台 [25]。ONE 仿真平台由于不包含网络层以下层面的设计，提供了简单且强大的网络层尤其是路由协议接口，并封装了丰富的节点移动模型，使得路由算法的实现变得较为简单、便捷，因而得到了广泛的使用和关注。众多研究学者将其设计的路由算法及程序上传和分享，更推动了 ONE 仿真平台的广泛应用和普及。

2.4.1　软件体系结构和模块划分

ONE 提供了丰富的工具包来处理节点移动、节点接触、消息创建、消息路由和转发，并提供了可视化图形界面展示仿真的实时状态，同时提供了丰富的报告模块，可以收集和统计仿真过程中产生的各种事件。ONE 通过 Java 中的类库实现和管理所提供的各项功能，图 2-4 描述了各个包之间的依赖关系，其中，core 包是 ONE 的核心组件，包括节点类。与图形界面相关的类被封装在 gui 包中，其中，playfield 包集成了提供场地视图的图形对象类。routing 包和 movement 包分别包含了路由算法设计中的重要模块，即路由模块和移动模型模块，开发人员设计的各种路由算法主要继承 routing 包中的类。在仿真期间，路由模块和移动模型模块所产生的各种事件被 report 包中的报告模块所捕获并记录。

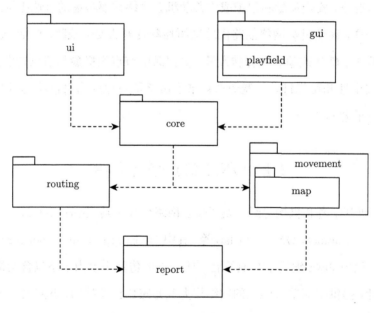

图 2-4　ONE 仿真工具的包图

1. 移动模型模块

节点移动模型模块主要描述节点如何移动，ONE 已经嵌入了许多不同类型的移动模型，如随机路点移动模型、随机游走移动模型、随机路径移动模型、基于地

图最短路径的移动模型等，这些移动模型已被分别建模到 movement 包中的节点
移动模型类中，用户也可以根据需要创建自己的节点移动模型。所有的移动模型类
都继承自 movement 类，该类提供了用来请求通信路径的接口，由子类具体实现这
些接口。此外，ONE 支持从外部导入移动轨迹数据，包括 GPS 数据和节点相遇数
据等。

ONE 支持基于地图的移动模型，地图数据为 WKT (well known text) 格式，
该格式一般被用于地理信息系统 (geographic information system, GIS) 程序中。基
本上所有的数字地图数据都可以转换成 ONE 支持的形式。例如，开源数字地图
OpenStreetMap，可以先导出格式为 OSM 的地图，再利用 ONE 提供的软件包
OSM2WKT，将其转换成 WKT 格式。ONE 提供的开源软件 OpenJUMP 可以编
辑 WKT 格式的地图。

在基于地图的移动模型中，节点的移动只限于道路和人行道。ONE 可以对节
点进行分组，并限制节点组只在某些路径上移动，这样可以阻止汽车在人行道和建
筑物内部移动。ONE 提供的基于地图最短路径的移动模型主要是基于 Dijkstra 最
短路径算法进行节点移动。首先，节点被随机放置到地图中。然后，随机确定该节
点的下一个目的地，并以 Dijkstra 最短路径算法移动到该目的地。接着，在该目的
地随机停留一段时间并再次重复刚才的过程。地图中的所有地点通常具有相同的
访问概率，同时，ONE 支持在地图数据中加入兴趣点 (points of interest, PoI) 数
据。PoI 数据被分成若干组，ONE 可以配置节点访问每个兴趣点的概率。此外，为
了模拟公共汽车、地铁等具有固定行驶路线的节点，ONE 可以设置节点的移动模
型为基于路径的移动模型，还可以模拟人们的日常工作的规律性，设置节点的移动
模型为工作日移动 (working day movement) 模型。

此外，ONE 提供了外部移动数据格式，名称为 StandardEventsReader，外部
数据文件的每一行由 5 元组表示，即"时间，conn，节点，节点，up/down"。其中，
时间是事件发生的时刻；conn 为固定值，表示连接；up/down 分别表示上述两个
节点在给定时刻发生了连接建立还是连接断开。外部数据文件中的数据是按照时
间升序排列的。用户可以使用自己收集的数据集或从公开数据集网站下载数据集，

经过预处理后将数据转换为 ONE 支持的格式，作为网络仿真的外部移动数据。

ONE 中移动模型参数主要在默认的配置文件 "default_setting.txt" 中进行设置，其中主要的参数有以下几个。

1) MovementModel.rngSeed

该参数定义所有移动模型的随机数生成器的种子。在同样的种子数值下，ONE 仿真的结果是确定不变的。用户可以通过设置随机数生成器的种子来改变节点移动的过程，进而观察网络性能。ONE 中的种子值默认为 1。

2) MovementModel.worldSize

该参数定义仿真世界的长和宽的数值，单位是 m，从而可以改变节点移动的范围，默认值为 4500 和 3400，即仿真世界的长和宽分别为 4500m 和 3400m。

3) PointsOfInterest.poiFileN

如果 ONE 采用了 ShortestPathMapBasedMovement 等基于地图的移动模型时，ONE 可以定义 WKT 文件，从中读取兴趣点的坐标。

4) MapBasedMovement.nrofMapFiles

该参数指定网络中的地图文件的总数，默认值为 4。

5) MapBasedMovement.mapFileN

该参数指定第 N 个地图文件的路径及文件名称，N 表示第 N 个文件，为一个整数。

6) movementModel

该参数指定每个节点组所采用的移动模型，需要以类的形式封装在系统中，如 Group.movementModel=RandomWaypoint。

2. 路由模块

路由模块是实现路由算法的核心，它决定了当节点相遇时，如何交换和处理数据包，并确定在节点缓存空间满时，如何丢弃和替换数据包。ONE 已经实现了许多经典的移动机会网络路由算法，如传染病、直接递交、首次相遇、扩散等待和概率等路由算法，而且研究学者不断将自己设计的新的路由算法共享和上传。在 ONE

中，相遇的两个节点的消息交换流程一般包括：如果某些消息的目的节点是邻居节点，则首先将这些消息传送过去；如果邻居节点之前已接收过该消息，则不再重复发送。上述消息处理完毕后，按照所绑定的路由算法对其余消息进行处理，包括消息替换和删除。

ONE 中所嵌入的经典路由算法都是继承自 routing 包中的 ActiveRouter 类 (该类继承自 MessageRouter 类)，它主要负责存储节点当前携带的消息以及正在接收的消息。当一个节点需要传输消息时，它首先请求相应的连接对象 (即与相遇的邻居节点建立的连接) 来启动消息传输，连接对象将请求转发给相遇节点，该节点通过调用路由类的 receiveMessage 方法，并判断该节点是否接收这个消息。路由模块可能拒绝这个消息，这需要用户设计相应的判断逻辑。

除了消息接收方法之外，MessageRouter 类还包括了其他经常使用的方法，如 changedConnection 方法和 update 方法。当两个节点相遇和分离时，新连接建立和断开，changedConnection 方法都自动被调用，而 update 方法则在网络所设定的每个更新时间间隔后自动调用。此外，MessageRouter 类还可以对经常发生的与消息有关的事件进行处理，如当消息被成功传递时、当消息传输失败时、当消息从缓冲区删除时等。ONE 自身主要用这些方法通知注册的事件监听器，如报告模块或 GUI 模块。

用户自己设计的新的路由算法以类的形式进行封装，并且需要在配置文件 "default_setttings.txt" 中进行设置。节点可以被分为若干组，ONE 支持为不同的节点组设置不同的路由类，如 Group.router=EpidemicRouter 表示组 Group 采用传染病路由算法，Group1.router=Sprayand- WaitRouter 表示组 Group1 采用扩散等待路由算法。

3. 事件生成模块

ONE 是事件驱动的仿真器，事件生成是其关键组成部分，需要设置每个节点的事件产生器。除了用户在设计的路由类中可以自行产生消息外，ONE 提供了一种独立于路由模块的事件生成方式。事件生成模块是正常的 Java 类，可以动态产生各种事件。ONE 支持多个并发事件发生器，事件会被自动穿插在仿真中。此外，ONE 还支持外部事件导入，即事件是以跟踪文件形式存在的。ONE 设置了跟踪文件的格式，为简单的文本文件，每一行定义一个事件，包括时间戳事件，如生成消息、从缓冲区删除事件、连接建立和删除等。跟踪文件也可以用二进制格式来保存和加载，从而可以减少文本解析时间。

ONE 的事件发生器可以理解为节点产生消息或其他事件的方式，在默认的配置文件 "default_setting.txt" 中进行设置，其中主要的参数有以下几个。

1) Events.nrof

该参数定义节点的事件产生器的数量，如 Events.nrof=1，表示每个节点对应一个事件产生器。

2) Events1.class

该参数定义第一个事件产生器 Events1 的类型，常用的设置为 Events1.class=Message-EventGenerator，表示消息事件生成器。

3) Events1.interval

该参数定义第一个事件产生器 Events1 产生事件的时间间隔，如 Events1.interval=25, 30，表示每隔 25~30s 产生一个事件。

4) Events1.size

该参数指定产生消息的大小，如 Events1.size=200k, 500k，表示每次产生的消息大小随机分布在 200~500KB。

5) Events1.hosts

该参数指定哪些节点适用于事件产生器 Events1，如 Events1.hosts=0, 10，表示节点编号从 0 到 10 的所有 11 个节点适用于事件产生器 Events1。

6) Events1.prefix

该参数指定产生事件的前缀，如 Events1.prefix=M，表示产生的消息的前缀为 M。

4. 报告模块

ONE 的输出是由报告模块产生的, 通过注册使得报告模块与节点连接、消息、节点运动等事件相关联。ONE 在相关事件发生时, 调用报告模块相关方法。报告模块可以将事件信息输出到相关的报告文件中, 并可以在仿真结束时产生一个总结摘要。

ONE 提供了丰富的报告类型, 在软件包的 report 目录下的每个 class 文件都对应一种报告格式。常见的报告类型包括: 消息传输状态报告 (MessageStatusReport)、消息转发状况报告 (MessageDeliveryReport) 和消息延迟报告 (MessageDelayReport)。在默认的配置文件 "default_setting.txt", 报告模块设置主要的参数有以下几个。

1) Report.nrofReports

该参数定义生成报告的数量, 如 Report.nrofReports =1, 表示生成一个报告。

2) Report.reportDir

该参数定义报告文件的生成位置, 常用的设置为 Report.reportDir=reports/, 表示生成的报告位于软件包的 reports 目录下。

3) Report.report1

该参数指定第一个报告的类型, 如 Report.report1=MessageStatusReport, 表示第一个报告为消息传输状态报告。

2.4.2　软件安装和运行

ONE 基于 Java 运行环境, 需要 Java 6 JDK 以上版本, 可以运行在 Windows 或 UNIX/Linux 等操作系统平台上。ONE 网站提供的是 Java 源代码, 在运行之前需要配置 Java 运行环境, 然后对源代码进行编译后即可运行。用户可以使用 Eclipse 软件将 ONE 源代码以项目形式进行管理、编辑和运行, 也可以直接使用命令行形式进行编译。在 ONE 软件包中有 compile.bat 文件, 只需执行该文件即可完成编译; 在 Windows 平台通过执行 one.bat 文件, 而在 UNIX/Linux 平台通过执行 one.sh 文件即可运行 ONE。ONE 运行的图形显示界面如图 2-5 所示。

在图 2-5 中，用户通过控制按钮可以控制 ONE 的运行、暂停和继续，查看每个节点的移动速度、移动状态、节点间的消息传输情况，也可以通过事件日志查看节点间连接建立、断开以及消息传输状态，还可以设置图形界面更新的时间间隔。

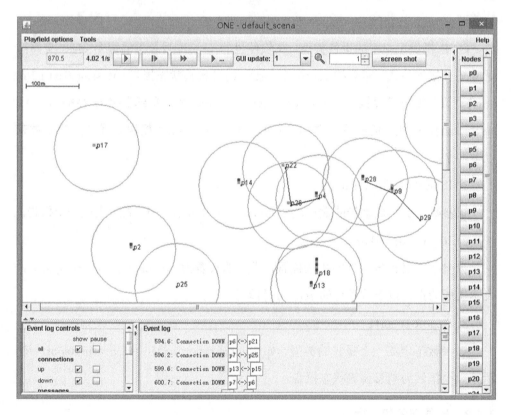

图 2-5   ONE 运行的图形显示界面

特别地，如果不需要图形显示方式而希望快速运行 ONE，或者需要以批处理形式运行不同组合参数，则只能以命令行形式运行。

2.4.3   经典路由算法仿真结果

下面对 4 种经典的移动机会网络路由算法，即传染病、直接递交、扩散等待和概率路由算法进行了仿真实验，并以图形方式给出了不同消息生存期下各个路由算法的路由性能比较结果。

ONE 仿真环境配置文件 "default_setting.txt" 的具体设置如下：

Scenario.name = %%Group.router%%_%%Group.msgTtl%%

#场景名称，为2个变量的拼接，从而批处理运行ONE，直接生成所有的报告

Scenario.simulateConnections = true

Scenario.updateInterval = 0.1

Scenario.endTime = 10000 #仿真时长10000s

蓝牙接口设置"Bluetooth" interface for all nodes

btInterface.type = SimpleBroadcastInterface#广播接口

btInterface.transmitSpeed = 250k #数据传输速度为250KB/s

btInterface.transmitRange = 10 #传输范围为10m内

#高速通信接口，为第4组节点设置

highspeedInterface.type = SimpleBroadcastInterface #广播接口

highspeedInterface.transmitSpeed = 10M #数据传输速度10MB/s

highspeedInterface.transmitRange = 1000 #数据传输范围1000m

Scenario.nrofHostGroups = 6   #共6组节点

Group.movementModel = ShortestPathMapBasedMovement

                    #基于地图的最短路径移动模型

Group.router = [EpidemicRouter;DirectDeliveryRouter;

              SprayAndWaitRouter;ProphetRouter]

#对应4个路由算法

Group.bufferSize = 5M

Group.waitTime = 0, 120 #节点等待时间

Group.nrofInterfaces = 1 #节点通信接口数量

Group.interface1 = btInterface #节点通信接口类型

Group.speed = 0.5, 1.5 #节点移动速度，单位: m/s

```
Group.nrofHosts = 60 #节点总数量

Group1.groupID = p   #第1组节点名称的前缀

Group2.groupID = c   #第2组节点名称的前缀

Group2.okMaps = 1    #第2组节点只能再地图上移动

# 10～50 km/h

Group2.speed = 2.7, 13.9 #第2组节点的移动速度, 单位: km/h

Group3.groupID = w #第3组节点名称的前缀

Group4.groupID = t #第4组节点名称的前缀

Group4.bufferSize = 50M #第4组节点的缓存大小

Group4.movementModel = MapRouteMovement
                        #第4组节点移动基于地图的移动模型

Group4.routeFile = data/tram3.wkt    #对应的地图文件的位置及名称

Group4.routeType = 1

Group4.waitTime = 10, 30   #第4组节点移动的停留时间, 单位: s

Group4.speed = 7, 10        #第4组节点移动速度, 单位: m/s

Group4.nrofHosts = 2       #第4组节点数量

Group4.nrofInterfaces = 2 #第4组节点的数据通信接口数量

Group4.interface1 = btInterface

Group4.interface2 = highspeedInterface

Group5.groupID = t   #第5组节点名称的前缀

Group5.bufferSize = 50M

Group5.movementModel = MapRouteMovement

Group5.routeFile = data/tram4.wkt

Group5.routeType = 2

Group5.waitTime = 10, 30

Group5.speed = 7, 10

Group5.nrofHosts = 2
```

```
Group6.groupID = t #第6组节点名称的前缀

Group6.bufferSize = 50M

Group6.movementModel = MapRouteMovement

Group6.routeFile = data/tram10.wkt

Group6.routeType = 2

Group6.waitTime = 10, 30

Group6.speed = 7, 10

Group6.nrofHosts = 2


Events.nrof = 1 #事件生成器数量

Events1.class = MessageEventGenerator #消息产生事件

Events1.interval = 25,35#消息产生的时间间隔, 单位: s

Group.msgTtl = [60;80;100;120;140;160;180;200; 220]
                #消息的生存时间, 单位, s

Events1.size = 500k,1M #产生消息的大小(500KB~1MB)

Events1.hosts = 0,126 #指定哪些节点产生消息

Events1.prefix = M #产生消息的前缀

MovementModel.rngSeed = 1 #移动模型的随机数生成器种子的值

MovementModel.worldSize = 4500, 3400 #移动模型的世界范围

MovementModel.warmup = 1000 #节点移动的预热时间, 单位: s

MapBasedMovement.nrofMapFiles = 4  #地图的数量

MapBasedMovement.mapFile1 = data/roads.wkt

MapBasedMovement.mapFile2 = data/main_roads.wkt

MapBasedMovement.mapFile3 = data/pedestrian_paths.wkt

MapBasedMovement.mapFile4 = data/shops.wkt

Report.nrofReports = 1 #产生的报告数量

Report.warmup = 0
```

```
Report.reportDir = reports/    #报告产生的位置

Report.report1 = MessageStatsReport    #报告类型

ProphetRouter.secondsInTimeUnit = 30    #概率路由算法的参数

SprayAndWaitRouter.nrofCopies = 6

#Spary-and-Wait路由算法参数，每个消息副本数目

SprayAndWaitRouter.binaryMode = true

#Spary-and-Wait路由算法的参数，是否基于二分法分配消息副本
```

上述 4 种路由算法的仿真结果如图 2-6 ～ 图 2-8 所示，分别显示了这些路由算法在消息的不同生存时间的消息投递成功率、平均投递延迟和网络负载率的对比情况。需要指出的是，在不同的参数下，不同的路由算法的性能往往是不同的，即每种路由算法都有适合的应用场景。

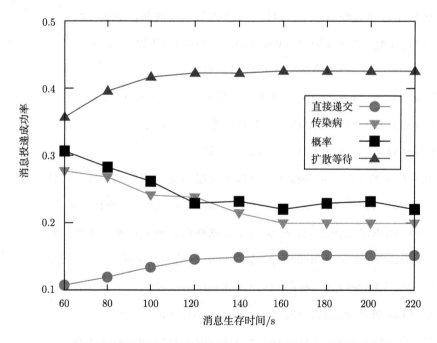

图 2-6　4 种路由算法在不同消息生存时间的消息投递成功率比较

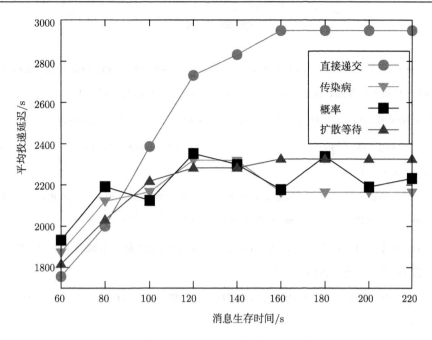

图 2-7   4 种路由算法在不同消息生存时间的平均投递延迟比较

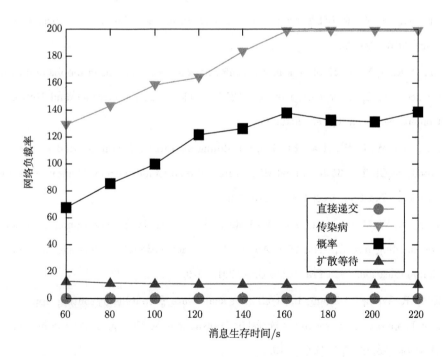

图 2-8   4 种路由算法在不同消息生存时间的网络负载率比较

参 考 文 献

[1] Chakchouk N. A survey on opportunistic routing in wireless communication networks[J]. IEEE Communications Surveys & Tutorials, 2015, 17(4): 2214-2241.

[2] Batabyal S, Bhaumik P. Mobility models, traces and impact of mobility on opportunistic routing algorithms: a survey[J]. IEEE Communications Surveys & Tutorials, 2015, 17(3): 1679-1707.

[3] Xiao M, Wu J, Huang L. Community-aware opportunistic routing in mobile social networks[J]. IEEE Transactions on Computers, 2014, 3(7): 1682-1695.

[4] 甄岩, 龚玲玲, 杨静, 等. 带有社会关系感知的机会网络组播路由机制 [J]. 华中科技大学学报 (自然科学版), 2016, 44(7): 127-132.

[5] 邓霞, 常乐, 梁俊斌, 等. 移动机会网络组播路由的研究进展 [J]. 计算机科学, 2018, 45(6): 19-26.

[6] Xiong Y, Sun L, He W, et al. Anycast routing in mobile opportunistic networks[C]. Proceedings of the IEEE symposium on Computers and Communications, Riccione, Italy, 2010: 599-604.

[7] Liu P, Xu J, Xu B. Explore k-anycast information dissemination in mobile opportunistic networks[C]. Proceedings of the IEEE Wireless Communications and Networking Conference, Doha, Qatar, 2016: 1-6.

[8] Lu Z, Wu W, Li W, et al. Efficient scheduling algorithms for on-demand wireless data broadcast[C]. The 35th Annual IEEE International Conference on Computer Communications, San Francisco, USA, 2016: 1-9.

[9] Wang N, Wu J. Opportunistic WiFi offloading in a vehicular environment: waiting or downloading now[C]. The 35th Annual IEEE International Conference on Computer Communications, San Francisco, USA, 2016: 1-9.

[10] Zhao R, Wang X, Zhang L, et al. A social-aware probabilistic routing approach for mobile opportunistic social networks[J]. Transactions on Emerging Telecommunications Technologies, 2017, 28(12): 1-19.

[11] Zhao R, Ammar M, Zegura E. Controlling the mobility of multiple data transports

ferries in a delay-tolerant-network [C]. The 24th Annual Joint Conference of the IEEE Computer and Communications Societies, Miami, USA, 2005, 2: 1407-1418.

[12] Polat B, Sachdeva P, Ammar M, et al. Message ferries as generalized dominating sets in intermittently connected mobile networks[J]. Pervasive and Mobile Computing, 2011, 7(2): 189-205.

[13] Li Y, Zhao L, Liu Z. N-Drop: congestion control strategy under epidemic routing in DTN[C]. The 5th International Wireless Communications and Mobile Computing Conference, Leipzig, Germany, 2009: 457-460.

[14] Spyropoulos T, Psounis K, Raghavendra S. Spray and wait: an efficient routing scheme for intermittently connected mobile networks[C]. ACM Annual Conference of the Special Interest Group on Data Communication, Philadelphia, USA, 2005: 252-259.

[15] Grossglauser M, Tse D. Mobility increases the capacity of ad hoc wireless networks[J]. IEEE/ACM Transactions on Networking, 2002, 10(4): 477-486.

[16] Zhang L, Yu C, Jin H. Dynamic spray and wait routing protocol for delay tolerant networks[C]. The 9th Network and Parallel Computing Conference, Gwangju, Korea, 2012: 69-76.

[17] Chuka O, Milena R. Congestion aware spray and wait protocol: a congestion control mechanism for the vehicular delay tolerant network[J]. International Journal of Computer Science & Information Technology, 2015, 7(6): 83-95.

[18] Wang Q, Wang Q. Restricted epidemic routing in multi-community delay tolerant networks[J]. IEEE Transactions on Mobile Computing, 2015, 14(8): 1686-1697.

[19] 孙践知, 张迎新, 陈丹, 等. 具有自适应能力的 Epidemic 路由算法 [J]. 计算机科学, 2012, 39(7): 104-107.

[20] Vahdat A, Becker D. Epidemic routing for partially-connected ad hoc networks[R]. Technical Report CS-2000-06, Department of Computer Science, Duke University, 2000.

[21] Spyropoulos T, Psounis K, Raghavendra C. Spray and focus: efficient mobility-assisted routing for heterogeneous and correlated mobility[C]. IEEE International Conference on Pervasive Computing and Communications Workshops, White Plains, USA, 2007: 79-85.

[22] Liu Y, Wang J, Zhou H, et al. Node density-based adaptive spray and focus routing in opportunistic networks[C]. The 10th IEEE International Conference on High Performance Computing and Communications, Zhangjiajie, China, 2013: 1323-1328.

[23] Lindgren A, Doria A, Schel O. Probabilistic routing in intermittently connected networks[J]. Mobile Computing and Communications Review, 2003, 7(3): 19-20.

[24] 郁振宇. 改进的 Prophet 路由在容迟网络中的应用 [D]. 南京: 南京邮电大学, 2015.

[25] Keränen A, Ott J, Kärkkäinen T. The ONE simulator for DTN protocol evaluation[C]. Proceedings of the 2nd International Conference on Simulation Tools and Techniques for Communications, Networks and Systems, Rome, Italy, 2009: 55.

第 3 章　能量感知的路由算法

在移动机会网络中,移动节点所携带的电池电量有限且通常不能随时得到补充,而数据传输、信道监听、数据接收等均需要消耗节点能量,因此能量有限性问题一直都是移动网络研究所关注的热点之一。虽然近年来绿色携能通信技术得到了迅速发展,但与数据传输、数据接收等高能耗特点相比,仍然不能满足日益增长的能耗需求。本章从移动机会网络中的能量感知路由算法的应用场景、能量消耗问题、路由算法设计和性能评价几个方面展开深入研究。

3.1　应　用　场　景

移动机会网络无需通信基础设施,而是直接利用节点间相遇机会进行设备-设备 (device-device,D2D) 通信,因此尤其适合应用于缺乏通信基础设施的车载自组织网络、野生动物追踪 (陆地、水下和空中)、偏远地区通信、紧急灾难环境救援、手持设备组网以及移动群智感知等各个领域 [1-5]。其中,早期的移动机会网络应用主要关注复杂环境下的通信需求,如野生动物追踪 [6,7] 和乡村通信 [8] 等。近年来,随着各类便携式设备的快速普及,利用移动终端进行数据收集以及终端之间内容共享的需求越来越强烈,为移动机会网络的应用提供了广阔的平台,目前移动机会网络典型的应用包括:

(1) 位置服务 [9,10]。准确定位是基于位置服务的各类应用得到广泛使用的关键所在。考虑到单个手机定位易受环境噪音的干扰以及需要用户持续操作设备的局限性,卡内基·梅隆大学的研究团队提出利用多部手机协作感知用户的周围环境信息,通过手机配置的蓝牙模块实现自主组网,从不同角度对同一环境进行协作感知。用户之间通过共享各自感知的环境信息,降低环境噪音的影响,提高定位的准确性,同时也解放了用户,不需要用户一直手持设备进行位置识别。

(2) 媒体服务 [11,12]。在许多大规模文体活动中 (如现场演唱会、庆典、体育赛事等),用户所处位置对观看效果有较大影响,坐在后排或角落的人们由于视觉受限而影响观看体验。麻省理工学院的研究团队提出了一种面向 3G 环境的多媒体共享架构 CoCam。CoCam 利用手机自带的摄像功能,坐在不同位置的用户通过分发、共享视频数据,可以合成较好的视觉图像,从而获得满意的视觉体验。

(3) 数据卸载 [13,14]。近年来,利用手机上网的用户数量已经超过使用计算机上网的网民数量,但基于 3G 和 4G 会产生较大的网络流量,增加了用户的上网费用。利用手机配置的蓝牙、WiFi 进行 D2D 通信,形成移动机会网络,进而实现数据卸载,将部分网络数据缓存在某些用户手机上,然后基于移动机会网络进行数据分享和传播。这样,一方面可以缓解移动互联网产生的数据流量对 3G 或者 4G 骨干网络造成的压力,另一方面可以降低手机用户的上网费用 [15,16]。马里兰大学和德国电信公司共同开发了一套自组织网络系统,当用户经历网络拥塞而又需要从骨干网下载一些对延时不太敏感的数据 (如音乐、视频或电子书等) 时,用户将这些下载任务移交给那些网络连通性能好的节点来完成,节点之间通过组成移动机会网络交换和共享数据。

(4) 智能交通 [17,18]。利用用户携带的便携式设备对路况信息进行收集,经平台服务器处理后反馈给用户,向用户提供相对舒适、环保的出行路线或建议。文献 [17] 利用智能手机上携带的传感器检测当前交通灯的颜色,与附近车辆内的感知设备一起组成一个临时的移动机会网络,通过共享信号灯信息来预测未来一段时间内信号灯的变化情况。基于对信号灯状态的预判,驾驶员动态调整开车速度,从而达到减少停车次数、降低燃油消耗的目的,同时也改善了交通状况。

(5) 突发事件救援 [19-21]。突发事件发生的随机性使得通过传统固定部署感知网络的方式很难奏效且成本高昂。文献 [19] 提出一种基于众包的突发事件侦测与跟踪系统,当突发事件发生时,现场志愿者利用随身携带的手机对事件进行拍照或记录,然后通过一跳或多跳的方式将收集到的信息上传至服务器,分析整理后的信息并及时通知有关部门和用户。

3.2 能量消耗问题

在移动机会网络中,节点通常是可携带的智能设备,包括智能手机、智能眼镜、智能手表等,并且嵌入了声音、图像、陀螺仪、GPS 等传感器,具有一定的感知、计算、存储和无线通信功能。移动节点大多采用电池供电,能量非常有限,一旦某些节点能量耗尽,很有可能导致整个网络瘫痪。

与通信有关的能量消耗主要包括数据发送、数据接收和信道监听。此外,在不可靠信道环境下,由于无线信号的广播特性以及环境噪声、信道干扰、信号冲突,数据传输失败所引发的重传也是需要考虑的内容。通常,节点的能量消耗主要集中在感知、计算、发送数据、接收数据、监听信道和休眠状态,其中,感知、计算和休眠状态所消耗的能量较少,而发送数据、接收数据和监听信道所消耗的能量较高。特别地,节点发送数据所耗能量最多,节点接收数据耗能次之。节点监听信道的主要工作是监听无线信道是否被占用,同时检查信道是否有数据包发给自己,而处于休眠状态时,节点将关闭无线通信模块,此时节点不能监听信道,进而无法发送和接收数据。因此,如何减少因碰撞和信道干扰所导致的数据重传次数,减少数据的传输量,合理地增加节点进入休眠状态的次数同时尽量避免错过发送给自己的数据包,是移动机会网络路由算法需要全面考虑的问题。

3.2.1 节点能量消耗模型

1. 节点能量消耗模型

移动机会网络能量消耗主要集中在节点的无线通信模块的数据发送、数据接收和信道监听部分。基于正交振幅调制原理 [22],节点的数据传输时间与调制等级、信号传输率之间的关系可用公式 (3-1) 表示 [23]:

$$\tau = \frac{s}{b \cdot R_{\mathrm{s}}} \tag{3-1}$$

其中,s 表示两个节点间传输的数据包的比特数;b 为发送端采用的调制等级;R_{s} 表示信号传输率;τ 为传输时间。

发送节点的能量消耗主要由 P_e 和 P_o 两部分构成，分别表示消耗在调制电路部分和发射信号的功率放大部分。抽象出的能量消耗可表示为传输时间 τ 的函数 $\omega(\tau)$，用公式 (3-2) 表示：

$$\omega(\tau) = \left[C_{\text{tr}} \cdot \left(2^{\frac{s}{r \cdot R_s}} - 1 \right) + C_{\text{elec}} \right] \cdot \tau \cdot R_s \tag{3-2}$$

其中，C_{tr} 和 C_{elec} 为两个参数，分别决定了发送节点的能量消耗 P_o 和 P_e，而这两个部分可分别用公式 (3-3) 和公式 (3-4) 表示：

$$P_o = C_{\text{tr}} \cdot R_s \cdot \left(2^b - 1 \right) \tag{3-3}$$

$$P_e = C_{\text{elec}} \cdot R_s \tag{3-4}$$

从公式 (3-3) 和公式 (3-4) 可知，发送节点的能耗与信号传输率成正比。通常，在短距离无线传输中，$R_s = 1\text{MB/s}$，此时，调制电路部分的 P_e 消耗近似为 10MW，而 P_o 在 4 进制 ($2\text{MB/s}, b = 4$) 近似为 $1\text{MW}^{[24]}$。发送节点的功率放大器的能量消耗与信号的广播半径有较大关系。在上述条件下，输出 1MW 的功率的通信半径为 7m。如果通信半径设为 30m，则输出功率为 18MW [25]。研究表明，在传输特定长度的数据包时，所选调制等级越大，耗能越多，传输所用时间越短。

在无线通信网络中，节点之间通信的能量消耗与距离的关系可以用公式 $E = kd^n$ 来近似计算，其中 d 是距离，k 是一个整数，参数 n 一般取值为 $2, 3, 4$，主要决定于环境因素。例如，在障碍物较多的密集地区，n 的取值较大。由此可知，随着通信距离的增加，能量消耗急剧提升。

2. 节点能量消耗估计方法

除了上述所介绍的节点在发送数据时需要消耗能量外，节点监听信道、接收数据也需要消耗能量，因此需要综合考虑节点监听信道能耗、数据转发能耗和数据接收能耗这三个方面，从而实现对数据传输能耗的准确建模和估计。

1) 节点监听信道能耗

节点监听信道需要节点持续扫描信道，其所消耗的能量主要与扫描信道的时间有关。设节点单次扫描所消耗的能量为 e_s，节点的扫描周期为 T，则节点的监听

信道能耗 E_s 可用公式 (3-5) 表示：

$$E_s = e_s \cdot \frac{t}{T} \qquad (3\text{-}5)$$

其中，t 为节点的总工作时间长度。

2) 节点接收数据能耗

节点接收数据能耗与节点接收的数据量成正比。设节点接收单位数据消耗的能量为 e_r，节点接收的数据量为 S_r，则节点的接收能耗 E_r 可用公式 (3-6) 表示：

$$E_r = e_r \cdot S_r \qquad (3\text{-}6)$$

3) 节点发送数据能耗

数据的发送数据能耗与节点发送的数据量成正比。设节点发送单位数据消耗的能量为 e_t，节点发送的数据量为 S_t，则节点的发送能耗 E_t 可用公式 (3-7) 表示：

$$E_t = e_t \cdot S_t \qquad (3\text{-}7)$$

综上，设节点的初始能量为 E_{init}，则节点从初始到目前为止的总能量消耗为 E_{total}，当前剩余的能量为 E_{cur}，则它们之间的关系可用公式 (3-8) 表示：

$$\begin{cases} E_{\text{total}} = E_t + E_r + E_s \\ E_{\text{cur}} = E_{\text{init}} - E_{\text{total}} \end{cases} \qquad (3\text{-}8)$$

3.2.2 能量消耗降低方法

下面介绍移动机会网络中降低节点能量消耗的常用方法。

1. 物理层传输技术

节点的无线传输需要一定的无线频段，无线电波的特性与频率有关。低频信号能够很好地穿透障碍物，但其信号能量通常随着传输距离的平方衰减；而高频信号倾向于以直线传播，但容易受到障碍物遮挡。事实上，采用何种无线频段与通信设备和应用场景均有一定关系。

智能手机等移动智能设备往往嵌入了蓝牙、WiFi 和 4G 通信模块，它们限制了设备的数字调制模式和传输范围。物理层的传输技术主要包括数字调制模式和数字编码方式等。节点发送数据所耗的能量与数据包大小、数据传输率、调制等级、传输距离和发射功率有关。通常，数字调制等级越高，单位时间内数字编码越多，传输相同内容所耗能量越少；节点发射功率越大，数据传输距离越远，节点能耗越大。研究表明，节点耗能通常与传输距离的平方成反比。因此，采用高数字调制等级和低发射功率能够有效降低节点能耗。功率控制已成为当前移动机会网络研究的一个方向。此外，选择合适的数据编码形式，如检错码和纠错码可以较早地发现传输错误甚至纠正某些传输错误，从而减少数据重传次数，节约节点能量。

2. 减少节点数据传输量

无线传输的广播特性导致一个特定频段的无线信道的独占性，正在被占用的无线信道不能再接收和发送新的数据。一个节点在某个信道上传输数据时，其传输半径内的其他数据传输将导致信道干扰和冲突，进而导致传输失败。因此，减少数据传输过程中不必要的数据传输，尽量避免传输过程中冲突造成的数据重传，能够有效降低节点能量消耗。

具体来说，根据无线信道环境，采用合适的数据链路层协议和访问控制协议，可以减少传输冲突。根据自身节点和周围邻居节点的状态，利用无线信道的广播特性，从已成功接收数据的邻居节点中选择合适的中继转发节点，可以减少不必要的数据传输。对大数据包进行必要的拆分，转换成多个小数据包再进行传输，可以尽量避免传输冲突，增加传输成功率。事实上，采用小数据包传输方式虽然增加了传输成功率，但由于数据包头的存在，也降低了传输效率。因此，选择合适的数据包大小，以均衡传输成功率和传输次数，是移动机会网络数据传输的一个研究方向。此外，移动机会网络中存在大量的控制包。减少控制包的开销，可以在一定程度上减少网络能量消耗。

3. 增加节点睡眠时间

节点的能量消耗主要集中在发送数据、接收数据和监听信道状态三个方面，而在睡眠状态的耗能极低。因此，减少节点发送数据、接收数据和监听信道次数，增加节点睡眠时间和频率，有望减少节点能量消耗。但是，节点在睡眠时不能进行发送数据、接收数据和监听信道工作，有可能错过某些传输给自己的数据。因此，在不进行数据传输时，尽快使节点进入睡眠状态，并选择合适的睡眠时间，周期性地唤醒自己，以监听是否有发送给自己的数据，是有效降低节点能量消耗的方法。

4. 基于接入控制的方法

随着移动机会网络应用的不断深入，各种具有 QoS 需求的实时业务 (如多媒体点播业务) 开始出现。与具有一定延迟容忍度的数据传输业务相比，在多媒体点播业务中，音频流和视频流对实时性要求很高，在数据包调度时应该给予更高的优先级。基于此，研究学者提出了一系列基于接入控制的数据路由方法 [26,27]，通过限制进入网络的数据流并有效调度网络中已有数据流来保证实时业务的 QoS 需求。

首先，在考虑节点的可用带宽、剩余能量和节点中的累计业务量等因素的基础上，提出接入控制模型和策略。然后，根据数据流的 QoS 需求及邻居节点的带宽、能量等因素，提出基于广播策略的数据路由方法，包括候选集选择方法和数据流转发优先级确定方法。基于接入控制的方法的难点和挑战在于新数据流的接入策略，这需要了解网络中已接入数据流的统计情况以及所接入数据流的数据传输路径对该数据流的 QoS 满足的概率。基于接入控制的方法主要适合于节点不移动、网络时刻连通的无线传感器网络环境。移动机会网络的节点随机移动性和网络的频繁中断性大大增加了基于接入控制方法实施的难度。

3.3　能量感知的移动机会网络路由算法

针对移动机会网络中的能量有限性问题，从节省节点能量、延长网络生存期等角度出发，研究学者提出了一系列能量感知的移动机会网络路由算法 [28-31]。但是，这些算法尚未考虑移动机会网络的连接中断和节点移动的频繁性，不能很好地适应移动机会网络环境。基于此，本书提出两种能量感知的移动机会网络路由算法，充分考虑移动机会网络的特点，以达到大幅提高网络性能的目的。

3.3.1　能量感知的自适应 n-传染病路由算法

1. 研究动机

基于泛洪策略的传染病路由算法在移动机会网络中会快速消耗节点有限的能量，且在网络密集的场景中易导致网络风暴和网络拥塞现象，因此不能直接应用于实际的移动机会网络场景。研究学者提出了一系列传染病路由改进算法，其中，n-传染病路由算法 [28] 较为典型，该算法只允许一个节点在其邻居节点的个数达到或超过某个预定义的转发阈值时才能广播其所缓存的消息。n-传染病路由算法可以有效减少数据副本和广播的次数，尤其适用于节点分布较为密集的场景。为了进一步提高 n-传染病路由算法的可扩展性，Rango 等提出了能量感知的传染病 (energy-aware-epidemic, EAE) 路由算法，该算法动态调整转发阈值参数，将其设置为节点剩余能量和邻居个数的函数，能够大幅延长网络生存期。但是，参数调整缺乏自适应性，没有考虑网络中节点能量的分布情况，存在进一步改进的机会 [29]。

2. 能量感知的自适应 n-传染病路由算法

为了提高 n-传染病路由算法的可扩展性和实用性，提出了能量感知的自适应 n-传染病 (adjustment n-epidemice, ANE) 路由算法 [32]，该算法同时考虑了节点的剩余能量等级和邻居节点个数及邻居节点剩余能量等级，以动态调整转发阈值。

1) 网络模型和基础知识

移动机会网络由一组随机移动节点组成，节点存在一定的通信半径。假设在一个节点通信半径内的所有节点都可以与该节点通信，并构成了该节点的邻居节点集合，邻居节点的个数随节点移动而动态变化。此外，节点发送数据、接收数据和监听信道都需要消耗一定的能量。

定义 3-1　(绝对能量等级) 一个节点 v 在时刻 t 的绝对能量等级被定义为该节点在时刻 t 的剩余能量与其初始能量的比值，可用公式 (3-9) 表示：

$$E_{\text{lev}}(v, t) = \frac{E_{\text{cur}}(v, t)}{E_{\text{init}}(v)} \tag{3-9}$$

其中，$E_{\text{lev}}(v, t)$、$E_{\text{cur}}(v, t)$ 和 $E_{\text{init}}(v)$ 分别表示节点 v 在时刻 t 的绝对能量等级、剩余能量和初始能量。显然，$E_{\text{init}}(v) = E_{\text{cur}}(v, 0)$，$E_{\text{lev}}(v, t) \in [0,1]$。

定义 3-2 (平均能量等级) 一个节点 v 在时刻 t 的平均能量等级被定义为该节点在时刻 t 的所有邻居节点的能量等级的平均值，可用公式 (3-10) 表示：

$$E_{\text{avg}}(v, t) = \frac{1}{|N(v, t)|} \cdot \sum_{v' \in N(v, t)} E_{\text{lev}}(v', t) \tag{3-10}$$

其中，$E_{\text{avg}}(v, t)$ 表示节点 v 在时刻 t 的平均能量等级；$N(v, t)$ 表示节点 v 在时刻 t 的所有邻居节点构成的集合。

定义 3-3 (相对能量等级) 一个节点 v 在时刻 t 的相对能量等级被定义为该节点在时刻 t 的绝对能量等级与其平均能量等级的比值，可用公式 (3-11) 表示：

$$E_{\text{relative\_lev}}(v, t) = \frac{E_{\text{lev}}(v, t)}{E_{\text{avg}}(v, t)} \tag{3-11}$$

其中，$E_{\text{relative\_lev}}(v, t)$ 表示节点 v 在时刻 t 的相对能量等级。

持有数据包的节点转发数据包的主要依据是节点和其邻居节点的能量等级。一个基本策略是：具有较高能量等级的节点需要转发更多的数据包。需要指出的是，与 n-传染病路由算法相同，节点只在其邻居节点个数达到转发阈值 n 时才转发数据包，而转发阈值 n 与节点及其邻居节点的能量等级的变化息息相关。

2) 转发阈值的自适应更新策略

在移动机会网络中，每个节点维护并周期性地更新转发阈值 n。每隔预定义的 Δt 时间，节点 v 更新其转发阈值 n，不妨设为函数 $f(v)$。设当前时刻为 t，转发阈值 n 的更新过程可描述为：首先，每个节点周期性地计算绝对能量能级、平均能量等级和相对能量能级；然后，节点 v 确定所有邻居节点集合 $N(v, t)$，并与邻居交换其相对能量等级；最后，节点 v 计算 $a = (E_{\text{lev}}(v, t) - E_{\text{avg}}(v, t))/E_{\text{avg}}(v, t)$，并按照公式 (3-12) 更新 $f(v)$：

$$
f_{\text{new}}(v) = \begin{cases} (1+a) \cdot f_{\text{old}}(v), & a \geqslant 0 \\ -a \cdot f_{\text{old}}(v), & a < 0 \end{cases} \tag{3-12}
$$

其中, $f_{\text{new}}(v)$ 和 $f_{\text{old}}(v)$ 分别表示节点 v 更新 $f(v)$ 后的新值和更新前的旧值。为了避免 $f(v)$ 的取值过大或过小, 预定义 $f(v)$ 的取值范围为 $[f_{\min}, f_{\max}]$, 其中, $f_{\min}$ 和 $f_{\max}$ 分别表示 $f(v)$ 所取得最小值和最大值, 即节点 v 按照公式 (3-13) 进一步修正函数 $f(v)$。

$$
f_{\text{new}}(v) = \begin{cases} f_{\min}, & f_{\text{new}}(v) < f_{\min} \\ f_{\text{new}}(v), & f_{\text{new}}(v) \in [f_{\min}, f_{\max}] \\ f_{\max}, & f_{\text{new}}(v) > f_{\max} \end{cases} \tag{3-13}
$$

3) ANE 路由算法流程

根据自身所维护的转发阈值函数值, 每个节点周期性地监听信道, 当发现存在个数为 $f(v)$ 个或以上的邻居节点时, 才将自身所缓存的数据包进行广播。所提出的 ANE 路由算法流程如表 3-1 所示。

表 3-1　ANE 路由算法流程

算法流程
输入: 节点 v, 当前时刻 t
输出: 节点 v 的转发决策
1. 节点 v 在当前时刻 t 计算绝对能量等级、平均能量等级和相对能量等级;
2. 节点 v 获取邻居节点集合 $N(v,t)$;
3. **if** $t - t_{\text{lastupdate}} \geqslant \Delta t$ **then**
4. 　　节点 v 依据公式 (3-12) 和公式 (3-13) 更新 $f(v)$;
5. 　　节点 v 更新 $t \leftarrow t_{\text{lastupdate}}$
6. **endif**
7. **if** $|N(v,t)| > f(v)$ 且节点 v 自身缓存数据包 **then**
8. 　　节点 v 广播自身缓存的数据包
9. **endif**

在 ANE 路由算法中, $t_{\text{lastupdate}}$ 表示节点上次更新转发阈值的时间。每个节点

只需依据自身及其一跳邻居节点的状态即可动态自适应更新转发阈值,与经典路由算法相比,没有显著降低路由决策效率。

3. ANE 路由算法实验分析

下面使用 ONE 仿真器来评估所提出的 ANE 路由算法在 RWP 移动模型下的性能。需要注意的是,提出的 ANE 路由算法对移动模型没有任何假定,与基本的传染病路由算法一样,可以应用于任何场景,是一个模型无关的移动机会网络路由算法。在相同仿真条件下,将 ANE 路由算法与基本的传染病、n-传染病[28]、EAE[29] 路由算法进行比较,以验证所提出的 ANE 路由算法在能量和路由性能方面的高效性。

为了简化描述,基本的传染病路由协议在接下来的部分称之为传染病。将 n-传染病中转发阈值参数 n 的值设置为固定值 2 (转发阈值参数 n 的取值越小,路由算法的消息投递成功率越大)。ANE 和 EAE 路由算法对转发阈值参数 n 的取值范围保持一致,都是在 2~7,因而 ANE 路由算法中参数 n 的下界和上界分别设置为 2 和 7。

1) 仿真实验设置

为了简化仿真程序设计的复杂性,假定仿真实验中的节点类型相同,并具有相同的初始能量、移动速度以及缓存能力。需要指出的是,提出的 ANE 路由算法并不是要求网络中的节点必须是同一类型,其原因在于所提出的路由算法中使用的是节点剩余能量的比值而不是具体的节点剩余能量值。

仿真实验参数的具体设置如表 3-2 所示。

对上述四种路由算法按照上述参数分别在不同节点数量和不同缓存空间下进行仿真实验。仿真结束后,针对网络路由性能方面的指标 (包括消息投递成功率、网络负载率、消息投递延迟) 以及节点能量消耗指标 (包括节点平均剩余能量以及死亡节点所占比例),对各个路由算法进行比较分析,以验证 ANE 路由算法的有效性和高效性。

表 3-2　ANE 路由算法仿真参数设置

参数名称	取值
仿真区域大小	$800 \times 400 \text{m}^2$
传输速度	2MB/s
传输范围	50m
节点移动速度	0.5~1.5m/s
停留时间	0~120s
缓存大小	40MB
节点数量	25,30,35,40,45,50,55
消息生存时间	3600s
节点移动模型	RWP
消息大小	500KB~1MB
消息产生间隔	25~35s
节点初始能量	5000J
探测耗能	0.1J
传输耗能	0.2J
探测响应耗能	0.1J
仿真时长	10h

2) 实验结果分析

图 3-1 ~ 图 3-3 分别描述了各个路由算法在不同节点数量下的消息投递成功率、网络负载率和平均投递延迟方面的变化曲线。从图 3-1 可以看出，这四种路由算法下的消息投递成功率随着节点数量的增加呈现出下降趋势。其原因在于，随着网络节点数量的增加，节点之间的相遇频率也随之增加，进而增加了节点之间消息的交互频率。但是，这也极大地增加消息交互过程中的能量消耗，加快了网络中节点能量的消耗速度，过早地耗尽了节点能量，导致节点失效，从而在很大程度上降低了消息投递成功率。为了较少不必要的消息交换，EAE、n-传染病和 ANE 路由算法增加了节点之间进行消息复制时邻居节点的个数的限制，减少了消息复制过程中节点的能量消耗，从而延长了网络生存期，进而增加了消息投递成功率。因此，这三种路由算法在消息投递成功率的性能指标上比传染病路由算法有所提升。更进一步，ANE 和 EAE 路由算法在消息投递成功率方面要优于 n-传染病路由算

法，这是由于相较于 n-传染病路由算法使用固定的转发阈值，ANE 路由算法能根据当前环境下节点中能量的消耗情况以及节点自身的剩余能量比例来动态调整转发阈值，而 EAE 路由算法可以根据节点自身的能量值来对转发阈值的取值进行修正，进而在一定程度上提高了消息投递成功率。

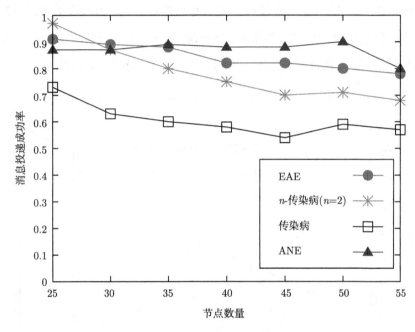

图 3-1 不同节点数量下的消息投递成功率比较

此外，从图 3-1 可以看出，当网络节点数量小于 30 时，EAE 和 n-传染病路由算法在消息投递成功率方面的性能要稍好于 ANE 路由算法，但是在节点数量增加到 35 及以上时，ANE 路由算法在消息投递成功率方面要优于 EAE 和 n-传染病。这是由于随着节点密度的增加，对于 n-传染病路由算法，节点同时有 n 个邻居节点的机会较多，进而增加了节点能量消耗，导致死亡节点数目的增加，从而在一定程度上降低了消息投递成功率。事实上，提出的 EAE 路由算法在消息投递成功率上相比于 n-传染病路由算法有进一步的提高，其原因在于提出的路由算法能够根据节点自身能量值来调整转发阈值参数，均衡了节点之间的能量消耗，降低了由于能量耗尽而导致节点死亡的可能性，从而节点可以传输和中继更多的消息到它们的目的节点。

图 3-2 描述了四种路由算法在不同节点数量下的网络负载率的变化曲线。可以看出，所有路由算法在网络负载率方面都随着节点数量的增加而有明显的增加。这是由于随着节点数量的增加，节点之间的相遇机会也同时增加，进而增加了消息转发、复制次数。实际上，节点缓存空间的有限性限制了节点接收更多的消息。当节点缓存空间被全部占用后，如果需要接收新的消息则必须从本地缓存中丢弃一些消息来释放空间。因此，消息的频繁删除增加了网络负载率开销。

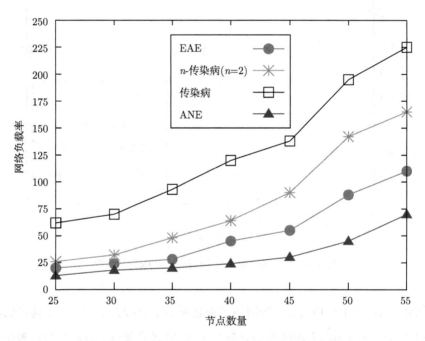

图 3-2   不同节点数量下的网络负载率比较

此外，从图 3-2 可以看出，ANE 路由算法的网络负载率最低，这是由于 ANE 路由算法能够根据所有邻居节点的剩余能量比例来动态调整转发阈值。当节点的剩余能量比例小于其邻居节点的平均剩余能量比例时，节点通过增加转发阈值，以减少节点复制消息的次数，进而达到避免节点之间能量消耗的不均匀的现象发生。因此，相比于 n-传染病路由算法使用固定的转发阈值，ANE 路由算法的网络负载率下降明显。更进一步，EAE 路由算法的网络负载率介于 ANE 和 n-传染病路由算法,其主要原因在于 EAE 路由算法能够动态更新转发阈值,这显然优于固定取值的 n-传染病路由算法。但是,由于 EAE 路由算法的转发阈值的调整过程仅仅考虑了节点自身的具体能量值,而没有考虑其邻居节点的能量消耗,因此要劣于提出的 ANE 路由算法。

图 3-3 描述了四种路由算法在不同节点数量下的平均投递延迟的变化曲线。可以看出,路由算法的消息投递延迟都随着节点数量的增加而呈现下降趋势。这是由于在相同仿真区域内,随着节点密度的增加,节点之间的相遇和消息交互更加频繁,消息投递到目的节点也就变得更加容易,因此消息投递延迟随之减少。从图 3-3 中可以很明显地看到,传染病路由算法的消息投递延迟最小,这说明在传染病路由算法中,节点之间进行消息复制时没有任何限制,因此消息在网络中节点上散布地更加广泛,也就需要更少的时间投递到目的节点。而其他的路由算法将当前邻居节点的数量作为消息复制的门限阈值,这个门限阈值随着节点密度的增加而更容易达到,故随着节点数量的增加,其他的路由算法在消息投递延迟方面也呈现下降趋势,但还要高于传染病路由算法。ANE 路由算法的消息投递延迟要优于 EAE 路由算法,这是由于 ANE 路由算法中的转发阈值参数的调整是根据节点当前周围环境中的平均剩余能量比例来进行,而不是仅考虑节点自身的能量值和节点密度。

图 3-4 和图 3-5 分别描述了各个路由算法在不同节点数量下的节点平均剩余能量和死亡节点比例方面的变化曲线。从图 3-4 可以看出,随着网络中节点数量的增加,网络节点的平均剩余能量在减少。这是由于节点数量的增加将导致节点相遇频率、消息复制次数和无线连接频率的增加,进而增加了节点的能量消耗。从图 3-4 中也可以看出,在传染病路由算法仿真结束时,所有节点的能量均被耗尽,其根本原因在于传染病路由算法的无节制的消息复制,这将造成极大的节点能量耗费。EAE 路由算法优于传染病和 n-传染病路由算法,其原因在于 EAE 路由算法会根据节点自身的能量值来动态调整转发阈值,从而能够有效降低节点的能量消耗。事实上,在网络节点数量超过 45 时,EAE 路由算法中所有节点的能量在仿真结束时也消耗殆尽。

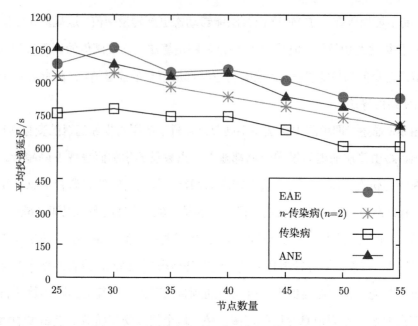

图 3-3　不同节点数量下的平均投递延迟比较

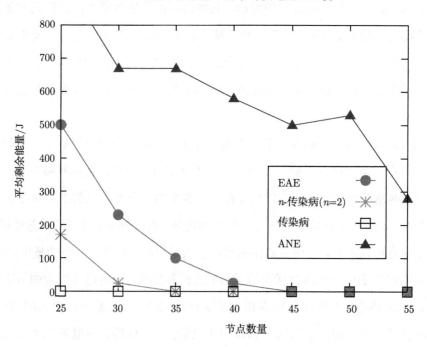

图 3-4　不同节点数量下的节点平均剩余能量比较

需要指出的是，提出的 ANE 路由算法在节点平均剩余能量方面性能最优，其根本原因在于，ANE 路由算法中的转发阈值更新过程同时考虑了邻居节点的能量消耗情况，它能够根据当前环境下所有邻居节点的剩余能量比例来动态调节转发阈值，从而能够降低消息转发次数。这有助于实现网络中节点能量消耗的有效均衡，并能够提升网络中节点能量的利用率。

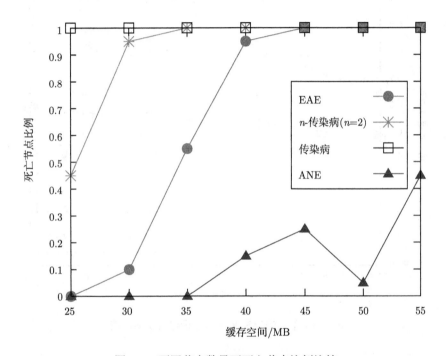

图 3-5 不同节点数量下死亡节点比例比较

从图 3-5 可以观察到，在所有路由算法中，网络中节点的死亡比例随着节点数量的增加而增加，其中，在节点数量相同的条件下，n-传染病和 EAE 路由算法的增加幅度显著高于所提出的 ANE 路由算法，这是由于它们在节点间复制消息的过程中需要消耗更多的节点能量。ANE 路由算法相比于固定转发阈值的 n-传染病路由算法和根据自身能量值调整转发阈值的 EAE 路由算法，在能量使用方面更加高效。同时，ANE 路由算法考虑了节点之间的能量均衡，导致其在仿真结束时获得了更长的网络寿命。

接下来的实验仿真中，在网络中节点数量固定为 40 的条件下，将节点的缓存空间从 25MB 逐步增加到 55MB，步长为 5MB，其他的参数与表 3-2 中保持一致。在此仿真场景下，各个路由算法的消息投递成功率、网络负载率、平均投递延迟、节点平均剩余能量以及死亡节点比例的曲线分别如图 3-6 ～ 图 3-10 所示。

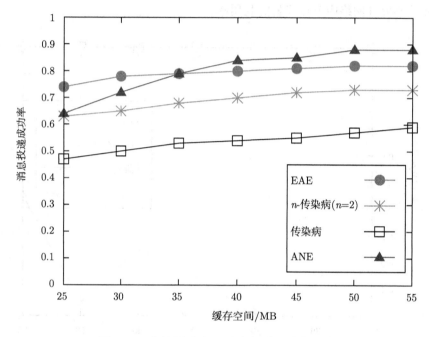

图 3-6　不同缓存空间下消息投递成功率比较

图 3-6 给出了在不同缓存空间下 EAE、n-传染病、传染病与 ANE 这四种路由算法的消息投递成功率的变化曲线。可以看出，消息投递成功率随着节点缓存空间的增加，在所有相比较的路由算法下都呈现增长的趋势。因为随着节点缓存空间的增加，节点可以存储和携带更多的消息，所以消息在节点相遇时会有更多的投递和复制机会。与此同时，节点能量的消耗也随着消息复制次数的增加而增加。通过对比可知，考虑能量消耗的 EAE、n-传染病和 ANE 路由算法能够获取比不考虑能量消耗的传染病路由算法更好的消息投递性能。在传染病路由算法下，节点消耗能量的速度要比其他三种考虑节点能量消耗的算法更快。节点在能量耗尽以后，丧失了携带和转发消息的功能，无法作为其他节点的中继节点继续给网络提供消息转发

服务。此外，ANE 路由算法在消息投递成功率方面的性能几乎和 EAE 路由算法相当，都要好于 n-传染病下的消息投递成功率，说明在移动机会网络的环境下，采用固定转发阈值的 n-传染病路由算法并不是一种十分有效的节约节点能量消耗的方法。因为是移动机会网络中节点的活跃程度不同，网络的拓扑结构也会随着节点的移动发生变化，所以根据节点实际情况来调整转发阈值是解决这一问题的有效途径之一。本组实验还表明，在网络带宽受限的前提下，通过简单地增加节点缓存的策略并不能提高网络性能，在某些情况下，往往取得消极效果。

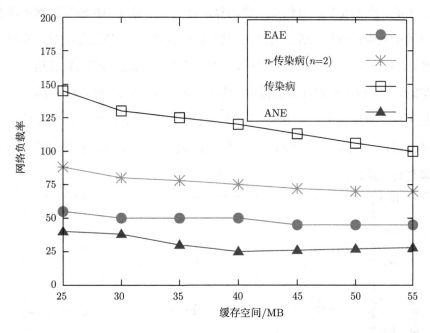

图 3-7   不同缓存空间下网络负载率比较

图 3-7 给出了这四种路由算法在网络负载率方面的趋势曲线。从曲线中可以看出，网络负载率随着缓存空间的增加呈现下降的趋势。相比传染病路由算法，基于 n-传染病的三种路由算法在网络负载率方面的性能有明显的改善。这是由于在 EAE、ANE 和 n-传染病路由算法中，当节点的邻居节点数量小于转发阈值的时候，不会进行消息的复制，从而降低了网络的负载率。在网络负载率方面，EAE 和 ANE 路由算法能够获得比使用固定转发阈值的 n-传染病路由算法更进一步的改善和提

升。此外，由于 ANE 路由算法能够动态和周期地根据节点和其所处环境中所有邻居节点的能量消耗比例来调整转发阈值，因而可以做出适合于当前环境的最佳决策。剩余能量比例低的节点通过增大转发阈值来降低消息的复制次数，从而达到降低节点能量消耗的目的。相比于仅仅根据节点自身的能量值来调整转发阈值的 EAE 路由算法，ANE 路由算法根据节点无线通信范围内所有节点的能量消耗情况来进行转发阈值的调节，因而取得了较低的网络负载率。

从图 3-8 可以看出，传染病路由算法在平均投递延迟是所比较的四种路由算法中最小的。这主要是因为传染病路由算法在进行消息复制和转发过程中没有考虑节点的能量消耗情况，所以消息的复制和转发能够充分利用每次节点相遇的机会。然而，在 ANE、EAE 和 n-传染病路由算法中，当节点的邻居数目达不到给定的阈值时，它们将不会进行消息转发。这将导致节点失去某些消息转发机会，同时也增加了平均投递延迟。ANE 路由算法在平均投递延迟方面要比 EAE 路由算法有一些改善，其原因在于，ANE 路由算法能够自动适应环境，根据节点当前的环境来调整转发阈值。

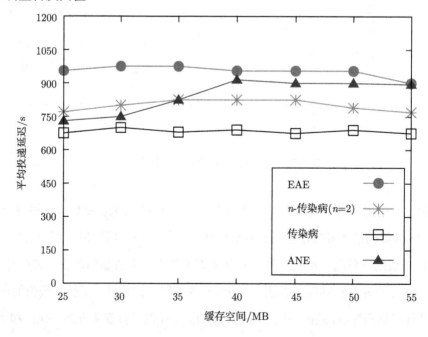

图 3-8　不同缓存空间下平均投递延迟比较

图 3-9 给出了这四种路由算法在节点平均剩余能量方面的趋势曲线。可以清晰地看到,在传染病和 n-传染病路由算法中,仿真结束时节点的剩余能量都为 0。在 EAE 路由算法中,节点的平均剩余能量要比传染病和 n-传染病路由算法略微好一些,但也接近于 0。但是,提出的 ANE 路由算法在仿真结束时,节点的平均剩余能量还剩余有 10% 左右。由此可判断 ANE 路由算法根据节点局部环境中的能量剩余比例来自动调整参数 n 的取值,可以减少消息复制次数,从而能够有效降低节点的能量消耗。因为采用固定常量 n 值的 n-传染病路由算法和从预先定义的集合中取可变参数 n 的 EAE 路由算法不能适应节点邻居的变化过程,所以这两种策略下的节点能量消耗要高于 ANE 路由算法。因此,ANE 路由算法在节点随机移动和邻居关系不规则变化的移动机会网络环境下是一种有效减少节点能量消耗的方法。

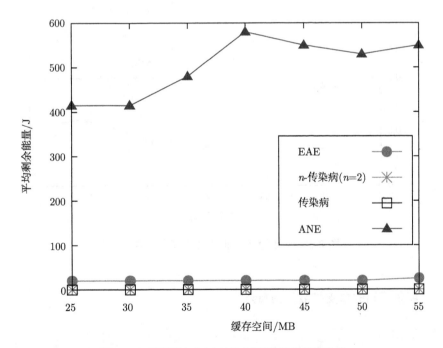

图 3-9　不同缓存空间下节点平均剩余能量比较

图 3-10 给出了这四种路由算法在死亡节点比例方面的趋势曲线。可以看出,

传染病和 n-传染病路由算法中死亡节点比例基本是 100%，这说明这两种算法在仿真结束时所有节点的能量都被耗尽了。死亡节点比例在 EAE 路由算法中也接近 100%，意味着 EAE 路由算法在仿真结束时只有少量节点还有能量剩余。从图 3-10 中也可以看出，提出的 ANE 路由算法在死亡节点比例上保持在一个较低水平。其原因在于，ANE 路由算法基于当前环境下周围邻居节点的平均剩余能量比例来调整转发阈值，进而能够有效均衡节点间的能量消耗，从而保证网络中所有节点的能量消耗比例维持在一个较低的水平。

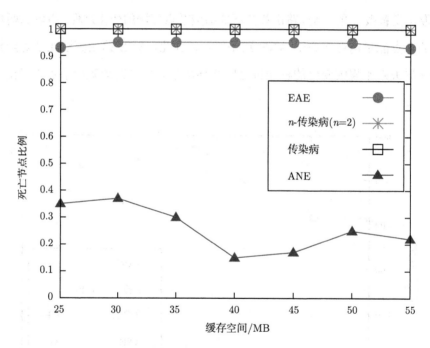

图 3-10　不同缓存空间下死亡节点比例比较

3.3.2　能量感知的单支扩散路由算法

1. 研究动机

基于泛洪策略的传染病路由及其改进算法在节点转发数据包时具有一定的盲目性，只是考虑了节点及其邻居节点的剩余能量或邻居节点数量，而没有考虑邻居节点与数据包的目的节点在未来的相遇情况，导致这些算法只适合于节点的移动轨迹过于随机而无法预测的情形。提出的 ANE 路由算法虽然具有模型无关性，可以适用于各种移动模型，但是，现实生活中节点的移动轨迹和相遇情形具有一定的规律性，这为进一步提升移动机会网络性能提供了依据。因此，在传染病路由算法中结合节点的移动轨迹和节点间相遇情形，有望提高忘了路由性能，并进一步降低节点能量消耗，从而有望延长网络生存期。

基于此，提出了一种能量感知的单支扩散 (energy-aware single branch spray, EASBS) 路由算法 [33]，该算法充分利用了无线信道的广播特性，并考虑了节点间的相遇概率。具体地说，当一个携带数据包的节点与一些节点相遇时，节点计算并选择一定数量的邻居节点作为中继转发节点，并向这些节点广播数据包。从接收到数据包的邻居节点中确定唯一节点作为数据包的中继转发节点，而其他接收到数据包的节点只作为一跳转发节点，只向数据包的目的节点转发而不再向其他节点转发。通过这种策略，一个数据包沿着与目的节点相遇概率逐步增大的节点路径前进。同时，在数据包所经过的路径上，接收到该数据包的非中继转发节点作为后备节点，也起到了提高消息投递成功率和降低数据传输延迟的目的。

2. 能量感知的单支扩散路由算法

1) 模型和基础知识

与 ANE 路由算法中的网络模型类似，移动机会网络由一组随机移动的节点组成，节点存在一定的通信半径。一个节点的邻居节点是在其通信半径内的所有节点。邻居节点的个数随节点移动而随机变化。节点发送数据、接收数据、监听信道都需要消耗能量，其能量消耗模型如前所述。

与 ANE 路由算法不同之处在于 EASBS 路由算法考虑了节点之间的相遇情形，因此需要计算和更新节点与其他节点的相遇概率。两个节点 u 和 v 的相遇概率是指这两个节点在未来一段时间内相遇的可能性，用函数 $p(u, v)$ 表示。影响两个节点相遇概率的因素有三个：

(1) 直接相遇。每当两个节点 u 和 v 相遇时，按照公式 (3-14) 更新它们之间的

相遇概率 $p(u, v)$：

$$p(u, v) = p_{\text{old}}(u, v) + (1 - p_{\text{old}}(u, v)) \cdot p_{\text{init}} \tag{3-14}$$

其中，$p_{\text{old}}(u, v)$ 表示节点 u 和 v 相遇概率的旧值；p_{init} 表示每次相遇时的相遇概率增量，为一个 0 到 1 之间的常数。显然，两个节点相遇越频繁，其相遇概率值越大。

(2) 指数衰减。两个节点的相遇概率的值在它们没有相遇的时间内随着时间进行指数衰减，可用公式 (3-15) 表示：

$$p(u, v) = p_{\text{old}}(u, v) \cdot \gamma^l \tag{3-15}$$

其中，$p_{\text{old}}(u, v)$ 表示节点 u 和 v 相遇概率的旧值；$\gamma \in (0, 1)$ 是一个常数，表示单位时间内相遇概率的衰减因子；l 表示自上次节点相遇后所经历的单位时间。显然，两个节点相遇间隔时间越长，其相遇频率值减少越多。

(3) 节点相遇的传递关系。节点之间的相遇传递性对相遇概率也产生一定的积极影响。例如，如果节点 u 和 v 之间、节点 v 和 v 之间经常相遇，那么可以认为节点 u 与 v 之间也存在一定的间接相遇性。节点相遇具有传递性。为了考虑节点相遇的传递关系，用公式 (3-16) 描述更新节点的相遇概率：

$$p(u, v) = p_{\text{old}}(u, v) + (1 - p_{\text{old}}(u, v)) \cdot p_{\text{old}}(u, v') \cdot p_{\text{old}}(v', v) \cdot \beta \tag{3-16}$$

其中，参数 $\beta \in (0, 1)$ 是一个常数，表示相遇传递关系对相遇概率值的影响程度。

针对任意数据包，对节点转发该数据包的能力进行限制，定义了数据包的转发和等待两种属性。

(1) 转发属性。如果一个数据包副本 m 的属性为转发属性，则缓存 m 的节点 v 在与其他一些节点相遇时，依据所提出的路由转发策略广播 m。

(2) 等待属性。如果一个数据包副本 m 的属性为等待属性，则缓存 m 的节点 v 一直携带该数据包副本，直到遇到其目的节点并转发，或直到其 TTL 减少为 0 而丢弃。

为了实现对网络中任意数据包的单支扩散策略, 要求网络中一个数据包的所有副本中, 只有一个具有转发属性的副本, 其他所有副本均为等待属性, 其中, 新产生的数据包副本具有转发属性。

2) 能量感知的单支扩散路由策略

为了降低转发数据包所耗能量, 一种高效机制是控制数据包在网络中的副本数目。但是, 移动机会网络的连接中断性和节点信息的有限扩散性, 一个节点只能获取其周围节点的信息, 获得实时的全局网络信息是不现实的。此外, 在移动机会网络中, 由于节点移动的随机性, 节点之间的相遇具有随机性。当一个节点与一些节点相遇时, 选择合适的转发时机对路由性能具有重要影响。一种简单的策略是: 一旦一个节点与其他节点相遇, 就立即对其缓存的数据包进行转发。这种策略简单且易于实现, 但数据包副本转发过于频繁, 往往集中于网络的局部范围内, 且消耗巨大的节点能量。为了有效控制数据包转发的时机, 对节点所相遇的邻居节点做出判定, 使得节点只在合适的时机转发数据包。

设当前一个节点存储一个具有转发属性的数据包 m。设置该数据包的当前跳数为 k, 当前网络中存在该数据包的副本数为 h。为了控制副本数目, 规定任意数据包每次转发时平均转发给 λ 个邻居, 因此, 最终产生数据包 m 的副本数的期望为 $\lambda \times K$, 其中 K 是数据包被允许转发的最大跳数。由于节点相遇的随机性, 节点每次转发数据包的副本数可能少于 λ 个。当前数据包 m 可被允许转发给邻居节点的个数 C_m 可用公式 (3-17) 描述:

$$C_m = \lambda + (\lambda \cdot K - h) = (1 + K) \cdot \lambda - h \tag{3-17}$$

当一个携带数据包 m 的节点 v 与一些节点相遇时, 能量感知的单支扩散路由策略描述如下:

(1) 节点 v 检查邻居节点中是否存在 m 的目的节点, 如果存在, 则转发数据包 m 给其目的节点。

(2) 如果数据包具有等待属性, 则节点 v 不再转发数据包 m, 而是一直等待直到遇到数据包的目的节点。

(3) 如果数据包具有转发属性，则节点 v 记录所有不含数据包副本 m 的邻居节点 (包含自身) 的集合，设为 S_m，计算 S_m 中节点的剩余能量的平均值，设为 ΔE，并统计能量大于等于 ΔE 的节点数目，设为 N_m。

(4) 如果 $N_m \geqslant \lambda$，则从 S_m 中按转发概率从高到低的顺序选取 $\min(N_m, C_m)$ 个节点作为数目包 m 的候选中继节点集合，转发数据包给候选中继节点，并将具有最高剩余能量的候选中继节点的数据包 m 的属性改为转发属性，数据包在其他节点中的属性改为等待属性。

(5) 如果 $N_m < \lambda$，则节点 v 从 S_m 中选择具有最大剩余能量的邻居节点，并计算该节点的转发概率，按照此转发概率执行轮盘赌算法进行决策。如果决策结果为转发数据包，则从 S_m 中按转发概率从高到低的顺序选取 N_m 个节点作为数据包 m 的候选中继节点集合，并将最大剩余能量的邻居节点的数据包的属性设置为转发属性，数据包在其他节点的属性设为等待属性。

上述能量感知的单支扩散路由算法中的转发概率描述了一个携带数据包 m 的节点在其邻居节点数目较少时是否转发该数据包的可能性。如果转发概率较大，则在一定程度上增加了转发次数，进而加剧了节点能量消耗，缩短网络生存期；反之，较小的转发概率虽然节省了节点能量消耗，但减少了节点对数据包的转发次数，进而降低了消息投递成功率。因此，合理的转发概率计算方法需要考虑数据包的生存期、已转发的次数和网络中该数据包的副本数。基于以上考虑，提出的针对数据包 m 的转发概率的计算方法如下：

首先，计算数据包转发因子 α，其含义为自数据包产生至今的转发速度，用公式 (3-18) 表示：

$$\alpha = \frac{k}{K \cdot \left(1 - \dfrac{R_m}{T_m}\right)} \tag{3-18}$$

其中，k 和 K 分别表示数据包的跳数和最大允许跳数；R_m 和 T_m 分别表示数据包 m 的剩余存活时间和总存活时间。由公式 (3-18) 可知，α 表示数据包在其生存期内的平均转发次数，近似表示网络中数据包的转发速度。若 $\alpha < 1$，表示数据包的转发速度较小；若 $\alpha > 1$，表示数据包的转发速度较大；若 $\alpha = 1$，表示数据包的转发速度合适。

然后，计算数据包转发概率为 α 的函数，记为 $F(\alpha)$，用公式 (3-19) 所示：

$$F(\alpha) = e^{-\alpha/N_m} \tag{3-19}$$

其中，N_m 表示当前数据包 m 的邻居节点中未存储该数据包且能量大于等于平均能量的节点个数。可知，$F(\alpha) \in (0, 1)$。

3) EASBS 路由算法流程

EASBS 路由算法流程如表 3-3 表示。

表 3-3　EASBS 路由算法流程

算法流程
输入：当前节点 v 及其 N 个邻居节点，数据包 m 及其跳数 k、副本数 h
输出：节点 v 对数据包 m 的转发决策
1.　节点 v 计算周围邻居中未携带数据包 m 的平均能量 ΔE；
2.　节点 v 计算周围邻居节点中未携带数据包 m 且平均能量大于等于 ΔE 的节点个数，设为 Num；
3.　节点 v 计算能产生的最大副本数 Count $= \lambda(k+1) - h$；
4.　**if** Num $\geqslant \lambda$ **then**
5.　　节点 v 对 Num 个上述节点按其与目的节点相遇概率从大到小排序，并找出前 min(Num, Count) 个节点作为数据包 m 的转发节点集合 S
6.　　**else**
7.　　节点 v 将所有 Num 个上述节点作为数据包 m 的转发节点集合 S
8.　**endif**
9.　节点 v 从集合 S 中选择能量最大的节点 s，设置 s 具有数据包 m 的转发权限；
10. 节点 v 设置集合 $S - \{s\}$ 中的节点具有等待权限；
11. 节点 v 对节点 s 转发数据包 m；
12. 节点 v 按照求出的转发概率对集合 $S - \{s\}$ 中的节点进行数据包 m 的转发

需要指出的是，一个数据包的副本数估计过程可以通过在数据包中增加一个属性得到。具体地说，设 Num_Replicas 表示数据包的副本数，当数据包被产生时，Num_Replicas 的值被设置为 1；每当一个节点完成数据包的一次转发，则可以根据候选节点的个数，在具有转发属性的数据包中更新 Num_Replicas 的值。因此，具有转发属性的数据包的 Num_Replicas 的值近似为该数据包副本的估计值。

3. EASBS 路由算法实验分析

1) 仿真实验设置

通过使用机会网络仿真工具 ONE，来验证所提出的算法的有效性。该算法与五种经典的移动机会网络路由算法，在 ONE 仿真工具中的基本参数设置如表 3-4 所示。

表 3-4　EASBS 路由算法实验参数

参数	取值
节点运动区域面积	$1500 \times 1500 \mathrm{m}^2$
节点移动模型	RWP
传输速度	2MB/s
传输范围	10m
仿真时长	48000s
消息生存时间	18000s
节点初始能量	2400J
传输一次消息耗能	1×10^{-6}J
接收一次消息耗能	0.5×10^{-6}J
扫描一次节点耗能	0.02J
消息产生时间	[0, 55000]s
产生消息的时间间隔	[40, 50]s
缓存大小	100MB
P_{init}	0.75
γ	0.98
β	0.25

仿真中主要的评价指标包括消息投递成功率、网络负载率、平均投递延迟和网络生存时间。具体定义如下：

(1) 消息投递成功率：N_d/N_g，其中 N_d 是投递成功的数据包的个数，N_g 是产生的全部数据包的个数。

(2) 网络负载率：$(N_r - N_d)/N_d$，其中 N_r 是指包含副本的中继数据包个数，N_d 是指成功投递的数据包个数。

(3) 平均投递延迟：所有成功传输的数据包从产生开始被成功传输到其目的节点的平均时延，仅指成功投递的数据包。

(4) 网络生存时间：网络从仿真开始直到 30% 数目的节点死亡时的持续时间，该指标能够度量网络中节点能量消耗是否均衡。

2) 实验结果分析

(1) 初始能量对路由算法的影响。在本实验中，鉴于初始能量值的变化，主要将所提出的 EASBS 路由算法与上面提到的其他路由算法进行比较。将网络中节点的初始能量值从 200J 以步长 200J 逐步提高到 2400J，根据网络中节点初始能量值的变化，不同路由算法的网络生存时间、消息投递成功率、平均投递延迟的比较结果分别如图 3-11 ～ 图 3-13 所示。

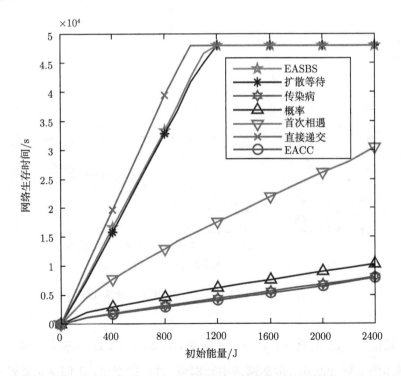

图 3-11 不同初始能量下的网络生存时间比较

从图 3-11 中可以看出，首次相遇、概率、传染病和能量感知的拥塞控制 (energy aware congestion control, EACC) 路由算法[34] 的网络生存时间随着节点初始能量

值的增加而逐渐延迟。同时，直接递交、扩散等待和 EASBS 路由算法的网络生存
时间慢慢延长然后逐步趋于平缓。类似地，图 3-12 中的消息投递成功率和图 3-13
中的平均投递延迟也呈现出相同的趋势。从图 3-13 可以看出，扩散等待和直接递
交路由算法具有相对较长的网络生存时间，而 EASBS 和扩散等待路由算法具有更
高的数据传递成功率，并且在初始能量值增加的情况下，EASBS 路由算法的平均
传递延迟小于直接递交和扩散等待路由算法。

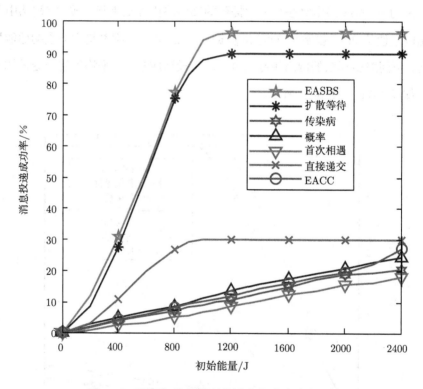

图 3-12　不同初始能量下的消息投递成功率比较

(2) 数据包 TTL 对路由算法性能的影响。将数据包 TTL 从初始 6000s 以步长
2000s 逐步增加到 30000s。根据网络中数据包 TTL 的变化，不同路由算法的数据
传输投递率的变化曲线如图 3-14 所示，网络负载率如图 3-15 所示。从图 3-14 可以
发现，随着数据包 TTL 的增加，EASBS、扩散等待、直接递交、首次相遇和 EACC
路由算法的消息投递成功率得到了不同程度的提升，而传染病和概率路由算法的

消息投递成功率则缓慢下降。图 3-15 显示，EASBS 路由算法以及扩散等待、直接递交路由算法的网络负载率均保持在较低水平，而其他路由算法的网络负载率则呈现出较高的水平。结合图 3-14 和图 3-15，EASBS 路由算法在取得最高的消息投递成功率的同时，保持了较低的网络负载率。

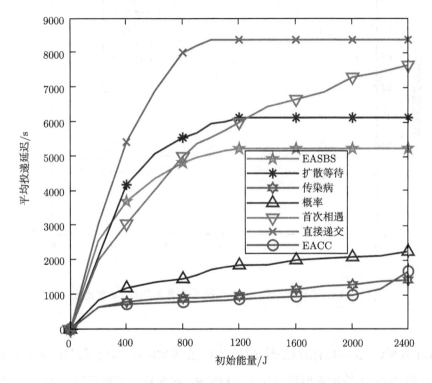

图 3-13　不同初始能量下的平均投递延迟比较

显然，较大的数据包 TTL 意味着数据包能够在网络中存活更长的时间，这将对路由算法产生重要影响。从图 3-14 可以看出，直接递交路由算法的消息投递成功率随着数据包 TTL 的增加而逐渐提高，而传染病路由算法的变化趋势则相反。造成这种现象的原因是，在直接递交路由算法中，具有较大 TTL 的数据包在其消亡前将有更多机会被成功交付。然而，对于传染病方法，具有较大 TTL 的数据包将被传输到更多中继节点，这将消耗更多能量，进而导致更多的节点因能量耗尽而失效，这在很大程度上导致了消息投递成功率的下降和网络负载率的快速提升。

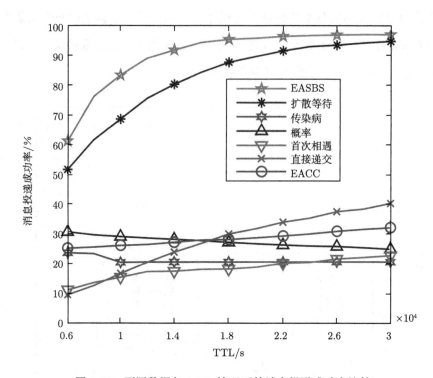

图 3-14   不同数据包 TTL 情况下的消息投递成功率比较

(3) 数据包大小对路由算法性能的影响。在本实验中，将数据包的大小从初始 200KB 以 100KB 的步长逐步增加到 1000KB，在此条件下进行仿真实验，对比各个路由算法的性能，其中消息投递成功率和网络负载率的变化曲线分别如图 3-16 和图 3-17 所示。

从图 3-16 和图 3-17 可以看出，扩散等待和 EASBS 路由算法保持了较高的消息投递成功率，同时具有较低的网络负载率。此外，所有路由算法的消息投递成功率均随着数据包大小的增加而不同程度地下降，并且除了直接递交路由算法之外，其他算法的网络负载率也逐渐降低。造成这种现象的原因主要有两个：一个是随着数据包大小的增加，成功传输所需能量将增加，尤其对于多副本路由算法，如传染病、概率、EACC 和扩散等待路由算法；另一个是随着数据包大小的增加，传输数据包的时间会更长，而节点的移动性将导致较大数据包的数据传输过程的中断概率增加。

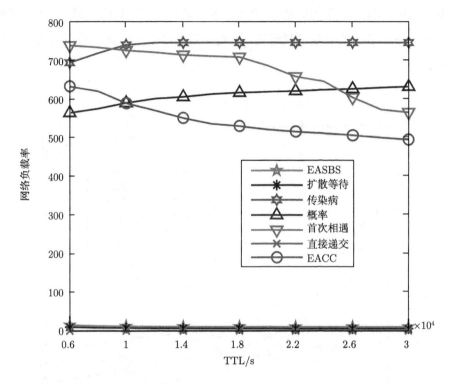

图 3-15 不同数据包 TTL 情况下的网络负载率比较

(4) 网络密度对路由算法性能的影响。在本实验中，将网络中的节点个数以步长 100 从初始个数 100 增加到 1600，以此进行仿真对比实验。针对不同网络密度，图 3-18 和图 3-19 分别描述了各个路由算法的消息投递成功率和网络负载率的变化趋势。

从图 3-18 和图 3-19 可以看出，EASBS 和扩散等待路由算法保持较高的消息投递成功率，且具有较低的网络负载率。随着网络中节点数量的增加，在 EASBS 路由算法中，节点能够选择较优秀的邻居作为中继节点，再加上数据包副本数的控制机制，这使得所提的路由算法在保持较低网络负载率的前提下能够在一定程度上提高消息投递成功率。相反，EACC、传染病、概率和首次相遇路由算法的消息投递成功率较低,且随着节点数量的增加其消息投递成功率呈现逐步下降趋势,与此同时,其网络负载率则呈增长趋势。造成这种现象的原因是,这些路由算法节点会将数据包传输到更多的中继节点,再加上缺乏必要的数据包副本控制机制,这可能会导致网络中节点的能量消耗过快,因而导致网络生命周期随着节点数量的增加而缩短。

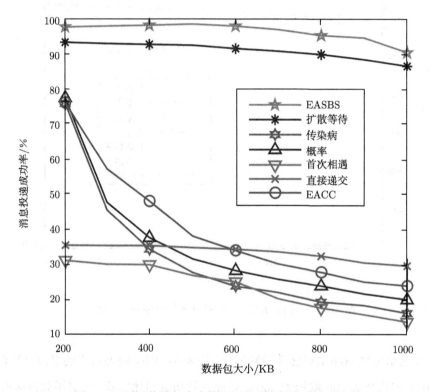

图 3-16　不同数据包大小情况下的消息投递成功率比较

(5) 节点缓存大小对路由算法性能的影响。在本实验中,将节点的缓存大小分别设置为 1MB,2MB,3MB,4MB,5MB,10MB,20MB,30MB,40MB,50MB,60MB,70MB,80MB,90MB,100MB,110MB,120MB。根据网络中节点缓存大小的变化,不同路由算法的消息投递成功率的变化曲线如图 3-20 所示,网络负载率的变化曲线如图 3-21 所示。

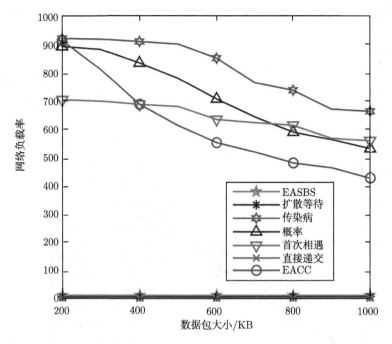

图 3-17 不同数据包大小的情况下网络负载率的对比结果图

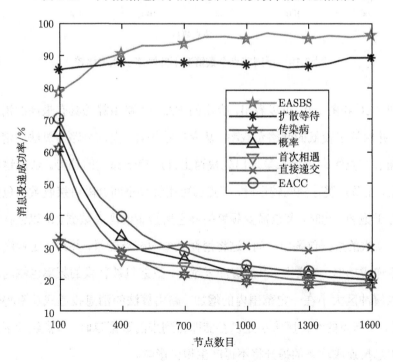

图 3-18 不同节点个数情况下的消息投递成功率比较

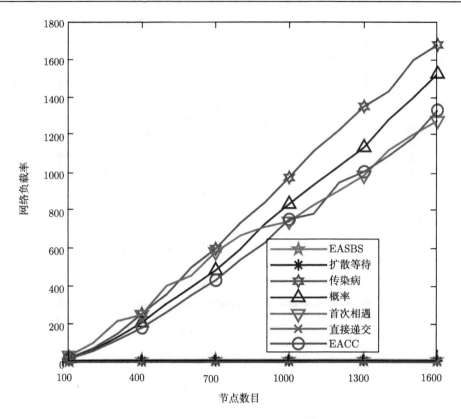

图 3-19   不同节点个数情况下的网络负载率比较

　　从图 3-20 和图 3-21 可以看出，提出的 EASBS 路由算法具有最高的消息投递成功率，并保持了较低的网络负载率。从变化趋势看，大部分路由算法的消息投递成功率随着节点缓存的增长呈现出先快速上升后趋于稳定的趋势。造成这种现象的原因是，在节点缓存空间较小时，节点的可用缓存空间会随着接收数据包的增长而快速趋于饱和。此时，节点需要频繁丢弃它所携带的现有数据包，以便在其缓冲区满时为新来的数据包腾出空间，这将消耗大量的节点能量，并在一定程度上降低了消息投递成功率。事实上，节点缓冲区越小，数据包被替换的频率也越高。因此，随着节点缓冲区大小在一定范围内的增加，路由算法的消息投递成功率将快速增加。但是，当节点的缓冲区大小足以存储即将到来的数据包时，节点缓冲区大小的增加对消息投递成功率的提升将不再产生积极影响。

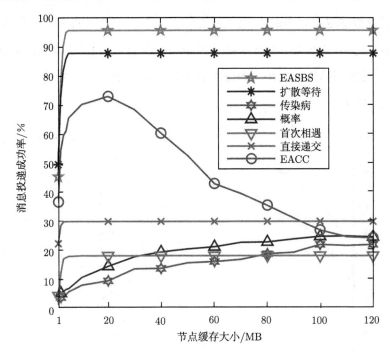

图 3-20　不同缓存大小情况下的消息投递成功率的对比结果图

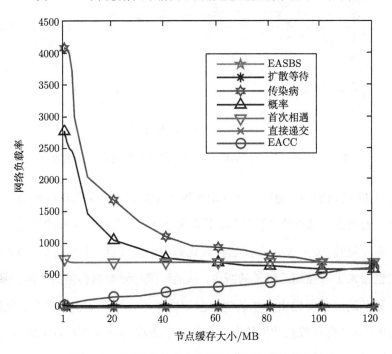

图 3-21　不同缓存大小情况下的网络负载率比较

(6) 节点移动速度对路由算法性能的影响。在本实验中，将网络中节点从初始
0.5m/s 的速度并以步长为 0.25m/s 增长到 3m/s。根据网络中节点移动速度的变化，
不同路由算法的消息投递成功率的变化曲线如图 3-22 所示，网络负载率的变化曲
线如图 3-23 所示。

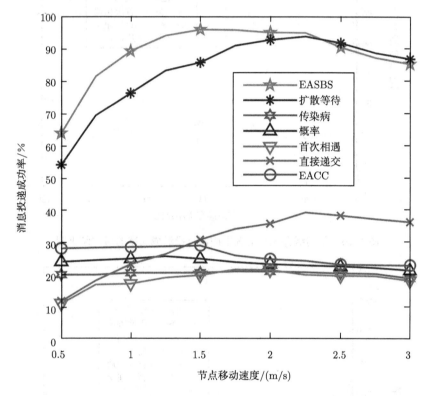

图 3-22   不同节点移动速度情况下的消息投递成功率比较

从图 3-22 可以看出，随着节点移动速度的增加，各个路由算法的消息投递成
功率呈现出先增大后减小的变化趋势。其原因在于，节点移动速度的增加会导致节
点相遇频率的提升，这有助于节点选择较优秀的中继节点。不幸的是，节点移动速
度的增加也带来了节点相遇时长的减少，从而可能导致数据传输的中断。因此，过
高的节点移动速度会对路由算法的消息投递成功率性能起到消极作用。从图 3-23
中可以看出，各个路由算法的网络负载率随着节点移动速度的增加而减小，除了直
接递交路由算法，其由于无需中继节点，故而保持恒定的网络负载率。

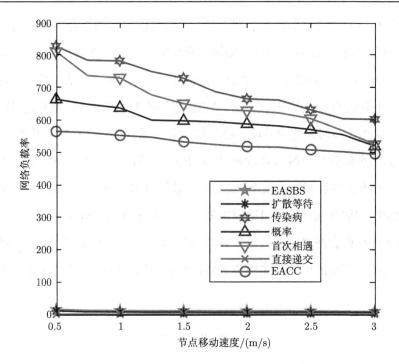

图 3-23　不同节点移动速度情况下的网络负载率比较

　　综上所述，上述 6 组仿真实验表明，提出的 EASBS 路由算法具有较好的实用性，当节点初始能量值、节点数目、节点缓存大小、数据包大小、节点移动速度和数据包 TTL 不断变化时，均能呈现较高的消息投递成功率和较低的网络负载率。与其他经典的移动机会网络路由算法相比，提出的 EASBS 路由算法具有控制代价低、消息投递成功率高和网络负载率低的优势。此外，EASBS 路由算法还实现了数据包副本的有效控制、实现了节点的能量均衡，进而有助于延长网络生存时间，因此具有更为广阔的应用前景。

3.4　结论及进一步的工作

　　能量有限性是移动机会网络的重要挑战性问题之一。针对现有移动机会网络路由算法缺乏对能量高效均衡利用的问题，本章从节省能量、延长网络生存期的角度出发，提出了能量感知的移动机会路由算法 ——ANE 路由算法和 EASBS 路由算法。分析和仿真实验结果表明，提出的能量感知移动机会网络路由算法能够充分考虑和利用节点的有限能量，能够实现均衡利用节点能量，在提高消息投递成功率、降低网络负载率的同时，能改有效延长网络生存时间，从而具有较好的实用性。这两个算法的共同点均是在考虑节点能量均衡的条件下，实现数据包副本的有效控制，从而提高网络路由性能。ANE 路由算法重点关注节点转发数据包的时机，即在遇到几个邻居节点时传输数据包，而 EASBS 路由算法在考虑节点能量有限性的同时，考虑了节点间相遇频率，进而实现数据包的定向传递，实现了数据包副本的有效控制和数据包转发的自适应决策。实现 ANE 和 EASBS 路由算法的有机融合是未来移动机会网络研究的一个方向。此外，考虑节点的自私性、社会性和节点的移动模型，进而提出面向实用场景的移动机会网络路由算法是未来的主要研究方向。

参 考 文 献

[1] Jung S, Lee U, Chang A, et al. Bluetorrent: cooperative content sharing for bluetooth users[J]. Pervasive and Mobile Computing, 2007, 3(6): 609-634.

[2] 程嘉朗, 倪巍, 吴维刚, 等. 车载自组织网络在智能交通中的应用研究综述 [J]. 计算机科学, 2014, 41(s1): 1-10.

[3] Hull B, Bychkovsky V, Zhang Y, et al. CarTel: a distributed mobile sensor computing system[C]. Proceedings of the 4th International Conference on Embedded Networked Sensor Systems, Boulder, USA, 2006: 125-138.

[4] Juang P, Oki H, Wang Y, et al. Energy-efficient computing for wildlife tracking: design tradeoffs and early experiences with ZebraNet[C]. Proceedings of the 10th International Conference on Architectural Support for Programming Languages and Operating Systems, San Jose, USA, 2002: 96-107.

[5] 张敏. 机会网络在矿井安全监测中的应用研究 [D]. 徐州: 中国矿业大学, 2016.

[6] Tara S, Zygmunt H. The shared wireless infostation model: a new ad hoc networking paradigm (or where there is a whale, there is a way)[C]. Proceedings of the 4th ACM International Symposium on Mobile Ad Hoc Networking and Computing, Annapolis,

Maryland, USA, 2003: 233-244.

[7]   Zygmunt J. H, Tara S. A new networking model for biological applications of ad hoc sensor networks[J]. IEEE/ACM Transactions on Networking, 2006, 14(1): 27-40.

[8]   Pentland A, Fletcher R, Hasson A. Dak Net: rethinking connectivity in developing nations[J]. Computer, 2004, 37(1): 78-83.

[9]   Cheng H, Sun F, Buthpitiya S, et al. Sens Orchestra: collaborative sensing for symbolic location recognition[C]. The 2th International Conference on Mobile Computing, Applications, and Services, Santa Clara, USA, 2010: 195-210.

[10] 姬浩. 基于机会网络的室内移动目标导航机制研究 [D]. 南京: 南京大学, 2014.

[11] Toledano E, Sawaday D, Lippman A, et al. Co Cam: A collaborative content sharing framework based on opportunistic P2P networking[C]. IEEE 10th Consumer Communications and Networking Conference, Las Vegas, USA, 2013: 158-163.

[12] 刘雄. 基于社区网络模型的机会网络缓存管理策略及其在流媒体传输中的应用研究 [D]. 广州: 华南师范大学, 2014.

[13] Han B, Pan H, Kumar A. Mobile data offloading through opportunistic communications and social participation[J]. IEEE Transactions on Mobile Computing, 2012, 11 (5): 821-834.

[14] 蒋娜. 机会网络中基于共享策略的数据离线卸载数据传输协议 [D]. 哈尔滨: 黑龙江大学, 2017.

[15] Zhuo X, Li Q, Gao W, et al. Contact duration aware data replication in delay tolerant networks[C]. Proceedings of the 19th Annual IEEE International Conference on Network Protocols, Vancouver, Canada, 2011: 236-245.

[16] Wang N, Wu J. Opportunistic WiFi offloading in a vehicular environment: waiting or downloading now? [C]. The 35th Annual IEEE International Conference on Computer Communications, San Francisco, USA, 2016: 1-9.

[17] Emmanouil K, Li-Shiuan P, Margaret M. SignalGuru: leveraging mobile phones for collaborative traffic signal schedule advisory[C]. Proceedings of the 9th International Conference on Mobile Systems Applications, and Services, Bethesda, USA, 2011: 127-140.

[18]   钱张荫. 车载机会网络在智能交通中的应用 [D]. 上海: 上海交通大学, 2014.

[19]   Ra M, Liu B, Porta T, et al. Medusa: a programming framework for crowd-sensing applications[C]. The 10th International Conference on Mobile Systems, Applications, and Services, Ambleside, United Kingdom, 2012: 337-350.

[20]   孙践知, 韩忠明, 陈丹, 等. 灾难场景下基于分组策略的机会网络路由算法 [J]. 计算机工程, 2011, 37(23): 79-82.

[21]   李露银. 灾后救援环境下的机会网络中的数据转发策略与仿真 [D]. 湘潭: 湖南科技大学, 2016.

[22]   Ue T, Sampei S, Morinaga N, et al. Symbol rate and modulation level controlled adaptive modulation system with TDMA/TDD for high-bit-rate wireless data transmission[J]. IEEE Transactions on Vehicular Technology, 1998, 47(4): 1134-1147.

[23]   Schurgers C, Raghunathan V, Srivastava B. Modulation scaling for real-time energy aware packet scheduling[C]. IEEE Global Telecommunications Conference, San Antonio, USA, 2001: 3653-3657.

[24]   Raghunathan V, Schurgers C, Park S, et al. Energy-aware wireless microsensor networks[J]. IEEE Signal Processing Magazine, 2002, 19 (2): 40-50.

[25]   万少华. 无线传感器网络数据融合与路由的研究 [M]. 北京：中国社会科学出版社, 2015.

[26]   Ivo C, Saulo O, Luiz, et al. An admission control mechanism for dynamic QoS-enabled opportunistic routing protocols[J]. EURASIP Journal Wireless Communication and Networking, 2015, 2015: 224.1-22

[27]   Qin Y, Li L, Zhong X, et al. Opportunistic routing with admission control in wireless ad hoc networks[J]. Computer Communications, 2015, 55: 32-40.

[28]   Lu X, Hui P. An energy-efficient n-epidemic routing protocol for delay tolerant networks[C]. 5th IEEE International Conference on Networking, Architecture and Storage, Macau, China, 2010: 341-347.

[29]   Floriano D, Salvatore A, Peppino F. Enhancements of epidemic routing in delay tolerant networks from an energy perspective[C]. 9th IEEE International Wireless communications and mobile computing conference, Sardinia, Italy, 2013: 731-735.

[30] 吴大鹏, 樊思龙, 张普宁, 等. 机会网络中能量有效的副本分布状态感知路由机制 [J]. 通信学报, 2013, 34(7): 49-58.

[31] 武杨. 基于复制路由的机会网络节点休眠调度算法研究 [D]. 重庆: 重庆邮电大学, 2016.

[32] Zhang F, Wang X, Zhang L, et al. Dynamic adjustment strategy of n-epidemic routing protocol for opportunistic networks: a learning automata approach[J]. KSII Transactions on Internet and Information Systems, 2017, 11(4): 2020-2037.

[33] Zhao R, Wang X, Lin Y, et al. A controllable multi-replica routing approach for opportunistic networks[J]. IEEJ Transactions on Electrical and Electronic Engineering, 2017, 12(4): 589-600.

[34] Zhang F, Wang X, Li P, et al. Energy aware congestion control scheme in opportunistic networks[J]. IEEJ Transactions on Electrical and Electronic Engineering, 2016, 12(3): 412-419.

第 4 章　拥塞控制算法与能量感知的数据传输算法

数据路由和数据传输所关注的侧重点不同，但都是支撑移动机会网络应用的技术基础。数据路由主要集中在网络层，其主要任务是为所携带的数据包找路，即选择合适的中继节点并确定转发数据包的时机；而数据传输主要集中在数据链路层，其主要任务是以何种方式将数据包转发给合适的中继节点及实施拥塞控制等。数据传输的功能支撑了数据路由。目前，部分研究者将数据路由与数据传输统一考虑，在数据路由中既考虑为数据包寻路，又考虑数据包的转发方式和拥塞控制策略。针对节点的能量有限性对数据传输的影响作用，本章主要从拥塞控制算法和能量感知数据传输算法方面对移动机会网络数据传输展开深入研究。

4.1　应　用　场　景

移动机会网络中一般不存在从源节点到目的节点的端到端的完整的通信链路，节点采用存储–携带–转发的模式以应对中断频繁的通信链路，即一个节点在尚未遇到合适的中继节点或目的节点的过程中暂时将数据包存储在本地存储器内，在遇到合适的中继节点或目的节点时转发数据包。一个节点需要管理本地缓存的数据包，当缓存的数据包接近存储器容量而无法接收新数据包时，需要实施数据包丢弃策略，释放部分存储器空间以容纳新接收的数据包。因此，移动机会网络数据传输需要考虑数据缓存、数据转发和拥塞控制等问题 [1-11]。移动机会网络数据传输主要有以下三个方面的应用：

(1) 为数据路由提供数据转发服务。当一个节点与一些邻居节点相遇时，选择哪些数据包、采用何种顺序转发数据包以及转发数据包的时机都是需要研究的问题。现有的数据路由算法通常对数据包转发顺序、数据传输方式关注较少，一般关注于寻找合适的中继节点,将数据转发和拥塞控制方式的工作交给底层处理。

(2) 数据传输算法的另一个典型应用是数据扩散 (多播、组播、广播)。一个节点需要将数据包传输给多个不同地理位置的节点。例如,一家商店将商品电子优惠券或广告信息通过移动机会网络扩散至对该商品感兴趣的潜在消费者。在通信基础设施缺失的场景中,如果因地震导致通信基础设施中断,政府或组织需要将某些紧急通知信息扩散给特定人群。

(3) 数据传输算法的第三个典型应用是拥塞控制问题。与传统有线网络和移动自组织网络相比,移动机会网络的拥塞控制更多关注节点本身的决策问题。一般情况下,当一个节点检测到网络拥塞发生时,它往往无法及时地将拥塞控制数据包发送给数据包的源节点,其主要原因在于节点的移动性和网络连接的频繁中断性所导致的数据包的长时间延迟。因此,当拥塞发生时,节点所能采取的拥塞控制策略一般集中在数据包的丢包策略、数据包的转发顺序和转发频率选择方面。

4.2 拥塞控制算法

4.2.1 研究动机

拥塞控制是移动机会网络的一个重要问题 [1,3,12,13]。在移动机会网络中,节点的缓存和能量均有限,当一个节点的剩余缓存空间不足以接收新数据包或缓存中的数据包因缓存队列过长而导致传输延迟显著增加时,拥塞将发生。拥塞发生将导致数据包传输延迟增大、过期被丢弃、投递率下降等网络性能严重下降问题。特别是当拥塞发生时,为了接收新数据包,节点需要主动丢弃本地缓存中的其他数据包,这进一步增加了节点能量的浪费和数据传输延迟,从而进一步加剧了拥塞现象。

事实上,简单地通过增加节点缓存空间的方法并不能有效解决拥塞问题 [1,13]。一方面,节点缓存空间的增加使得节点有能力存储较多的数据包;但另一方面,这增加了节点能量消耗,更重要的是增加了数据包转发所需要的时间。特别是,在节点相遇时间较短的移动机会网络场景中,可能无法通过单独一次的节点相遇机会将所有需要转发数据包全部传输完毕，这将导致数据包在节点缓存时间的延长。当数据包的 TTL 减为 0 而失效时，降低了数据投递率并大幅提高了数据传输延迟，同时浪费了节点能量并缩短了网络生存期。因此，不能单独采用增加节点缓存空间的方法来避免和缓解网络拥塞现象。需要指出的是，在理想情况下，如果一个节点缓存无限大，数据传输速度无限大，将不会产生拥塞，但实际情形并非如此。因此，需要提出适合移动机会网络的拥塞控制策略和控制算法。

文献 [13] 给出了移动机会网络中已有的拥塞控制策略的分类方法，如图 4-1 所示，分别针对拥塞检测、相遇间隔、主动被动丢弃、开环闭环处理、是否与路由协议相关以及部署性等，对移动机会网络的拥塞控制进行了分类。

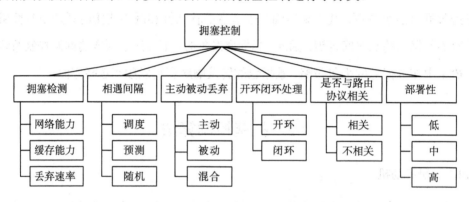

图 4-1　移动机会网络拥塞控制策略分类方法

从拥塞检测的角度来看，研究学者主要从网络能力、节点缓存能力和数据包丢弃速度这几方面检测网络是否产生了拥塞现象并试图避免产生拥塞 [6,9,14]。其中，基于网络能力的拥塞控制算法主要是确保流入网络的数据量不超过网络所能处理的数据量，基于节点缓存能力的拥塞控制算法主要是检测当前节点缓存的占用情况，基于数据包丢弃速度的拥塞控制算法主要是从节点丢弃消息的速度是否超出了设定的门限来进行检测。

从相遇间隔的角度来说，可以将拥塞控制策略分为调度、预测和随机三种形式 [9,15]。对于调度相遇而言，节点之间的相遇是能够预判并提前知晓的；对于预测相遇而言，节点间的相遇是服从某种概率分布的；对于随机相遇而言，节点间的相遇没有任何规律, 完全是随机的。

拥塞控制策略也可以分为主动式、被动式和混合式 [11,16,17]。主动式拥塞控制策略也叫拥塞避免, 采用预防措施避免发生拥塞现象; 被动式拥塞控制策略是在节点拥塞现象发生以后才采取措施来进行控制; 混合式拥塞控制策略综合了上述两种拥塞控制策略方法。

移动机会网络中典型的基于复制策略的路由算法是传染病路由算法 [18]。该算法采用简单的复制策略。在节点缓存空间有限和数据包产生速度较大的情况下, 传染病路由算法容易造成节点缓存溢出, 从而产生拥塞现象。因此, 针对传染病路由算法研究移动机会网络的拥塞控制策略, 主要存在四种经典的拥塞控制策略 [19]: 最新数据包丢弃策略 (newest packet drop policy, NPDP)、最早数据包丢弃策略 (earliest packet drop policy, EPDP)、最久数据包丢弃策略 (oldest packet drop policy, OPDP)、最年轻数据包丢弃策略 (youngest packet drop policy, EPDP)。具体来说, 当拥塞发生时, 最新数据包丢弃策略和最早数据包丢弃策略将分别丢弃最近收到的数据包和最早收到的数据包, 而最久数据包丢弃策略和最年轻数据包丢弃策略将分别丢弃存活时间最久 (即数据包 TTL 值最小) 的数据包和存活时间最短 (即数据包 TTL 值最大) 的数据包。

当拥塞发生时, 一种更合理的方式是考虑一个数据包在整个网络中的分布情况, 尽量保留网络中副本数较少的数据包, 丢弃那些在网络中存在大量副本的数据包, 从而提高数据投递率 [20-24]。刘期烈等 [21] 提出了一种基于复制率的拥塞控制策略, 将当前估计的数据包副本数与数据包剩余生存时间 TTL 的比值作为数据包的复制率。在拥塞发生时, 丢弃复制率最高的数据包。王贵竹等 [22] 提出一种数据包质量感知的拥塞控制策略, 基于数据包剩余 TTL 值和数据包副本的估计数来评价数据包质量, 并在节点拥塞时优先丢弃质量差的数据包。杨永健等 [23] 对携带数据包的源节点和目的节点之间的相遇时间间隔序列建立了马尔可夫 (Markov) 模型, 实现了数据包到达目的节点可能性的量化, 并通过量化值及数据包的 TTL 值决定缓存数据包的发送和丢弃顺序。上述文献主要从节点个体角度出发, 考虑数据包自身的剩余 TTL、估计的数据包副本数等特性, 没有考虑周围邻居节点对数据包的持有情况。

王恩等 [24] 提出一种基于生命游戏的拥塞控制策略, 考虑数据包在周围邻居节点的持有情况, 根据生命游戏的演化规则, 按照邻居节点对特定数据包的持有比例决定是否丢弃数据包。但是, 基于生命游戏的拥塞控制策略完全按照数据包在邻居节点上的持有比例进行丢弃, 缺乏一定的弹性, 容易加剧能量消耗。

为了尽量避免拥塞和减少拥塞所造成的能耗加剧问题, 在考虑邻居节点对数据包持有情况的前提下, 分析节点自身和邻居节点能量变化及持有数据包情况, 通过动态确定和调整数据包丢弃概率, 当节点检测到拥塞时, 依据丢弃概率处理数据包, 有望在一定程度上降低节点能量消耗, 从而适应于动态变化的移动机会网络场景。

4.2.2　元胞自动机和网络模型

1. 元胞自动机模型

元胞自动机 (cellular automata, CA) 是一种时间、空间、状态都离散, 空间相互作用和时间因果关系为局部的网格动力学模型, 具有模拟复杂系统时空演化过程的能力 [25]。一个元胞自动机由散布在规则网格中众多结构相同的单元/元胞组成, 每个单元所处的状态是有限的和离散的 [25-27]。

一个元胞自动机可描述为 4 元组, $CA = (A^N, \Sigma, f, E)$, 其中, A^N 表示元胞空间, N 表示元胞空间的维数, Σ 是元胞状态的集合, f 表示局部转换函数, E 表示元胞自动机的边界条件。元胞自动机模型结构如图 4-2 所示, 主要包括以下元素:

(1) 元胞。元胞是构成元胞自动机最小、最基本的组成部分, 也称为单元。元胞可以分布在离散的一维、二维或者多维欧几里得空间的网格点上。

(2) 元胞空间。元胞所分布空间的网格集合构成了元胞空间。元胞空间可以是任意维数的欧几里得空间, 可以有不同的形式。例如, 对于常用的二维元胞自动机, 其元胞空间可以是三角、四边形或六边形等网格结构排列。

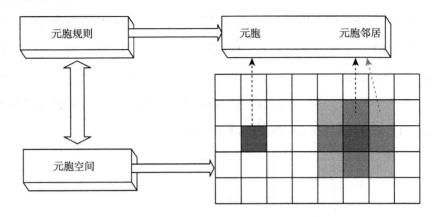

图 4-2 元胞自动机模型

(3) 元胞邻居。元胞和元胞空间定义了元胞自动机模型的形状和静态部分,要使元胞自动机进行动态演化,必须要有演化规则。这些规则是定义在元胞空间的局部范围内的,一个元胞下一时刻的状态取决于当前自身的状态和其邻居元胞的状态。常见的元胞邻居结构有 Neumann 型和 Moore 型。

(4) 元胞规则。元胞规则是元胞自动机的灵魂,也是赋予元胞自动机动态演化的基石。元胞及其邻居元胞的状态决定了该元胞下一时刻的状态,这种动态的动力学变化过程称之为状态转移函数,也就是元胞规则。这个函数构造了一种简单的、离散的空间和时间范围内的局部物理结构。

2. 学习自动机

学习自动机 (learning automaton, LA) 是一种特殊的自动机模型,是支持在随机环境中自决策和学习的抽象模型,它从有限的动作集中随机选择一个动作并作用于环境,环境根据当时的情况评估所选的动作,通过强化信号向学习自动机做出响应 [28,29]。学习自动机基于本次选择的动作以及收到的强化信号更新其内部的状态,并选择下一次需要执行的动作。图 4-3 给出了学习自动机和环境之间的关系图。

一个学习自动机类似于一个智能体,它有一个可供选择的有限动作集,每一阶段所选择的动作依赖于当前动作的概率向量。对于自动机选择的每个动作,环境会给出一个相应的确定概率分布的强化信号。学习自动机然后根据本阶段的强化信号来更新所有动作的概率向量，演化为本阶段希望得到的行为。一个学习自动机可以用 4 元组表示，LA $= (\alpha,\ \beta,\ p,\ F)$，其中，$\alpha = \{\alpha_1,\ \cdots,\ \alpha_r\}$ 表示动作集，$\beta = \{\beta_1,\ \cdots,\ \beta_r\}$ 表示强化信号的输入集，$p = \{p_1,\ \cdots,\ p_r\}$ 表示动作概率集，$p(n+1) = F[\alpha(n), \beta(n), p(n)]$ 表示学习算法。

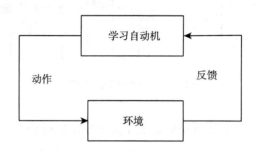

图 4-3　学习自动机和环境之间的关系

3. 动态不规则元胞多学习自动机

在经典元胞自动机模型基础上，研究学者提出了一系列改进模型，包括：元胞学习自动机 (cellular learning automata, CLA)[28,30]、不规则元胞学习自动机 (irregular cellular learning automata, ICLA)[31] 以及动态不规则元胞学习自动机 (dynamic irregular cellular learning automata, DICLA)[32]。

为了能够建模一个节点内各个数据包的状态变化情况，在元胞自动机和学习自动机模型的基础上，提出了一种动态不规则元胞多学习自动机 (dynamic irregular cellular multiple learning automata，DICMLA) 模型，该模型允许在每个元胞中装配多个学习自动机。DICMLA 模型可被定义为一个无向图，图中每个顶点表示一个装配有多个学习自动机的元胞，如图 4-4 所示。

在 DICMLA 模型中，每个元胞中包含有 s 个学习自动机，DICMLA 模型定义为 $\tilde{A} = (G\langle V, E\rangle, \Psi, A_s, \Phi\langle\alpha, t_\Psi\rangle, \tau, F, Z)$，其中，$G$ 为无向图，V 为顶点的集合，E 为边的集合，每个顶点代表一个元胞；Ψ 为自动机可执行动作的有限集合，可执行动作的数量表示为 $|\Psi|$；A_s 为 DICMLA 学习自动机的集合，元胞 c_i 驻留的学习自动机的集

合用 A_i 表示；$\Phi\langle\alpha, t_x\rangle$ 表示所有元胞的状态构成的集合，其中元胞 c_i 中驻留的第 j 个学习自动机的状态用 $\Phi\langle\alpha_{j,i}, t_{\Psi,i}\rangle$ 表示 $x\alpha_{j,i}$ 为元胞 i 里第 j 个学习自动机执行的动作，$t_{\Psi,i} = (t_{1,i}, t_{2,i}, \cdots, t_{k,i}, \cdots, t_{|\Psi|,i})^{\mathrm{T}}$ 为元胞 c_i 中所有动作的概率向量；每个动作概率 $t_{k,i} \in [0, 1]$ 表示自动机执行动作 $\psi_k \in \Psi$ 的可能性；$F: \boldsymbol{\Phi}_{s \times I} \to \langle\boldsymbol{\beta}, [0, 1]^{|\Psi|}\rangle$ 为每个元胞 c_i 的运算规则，其中，$\boldsymbol{\Phi}_{s \times i} = \{\Phi_{s \times j} \| t_{\Psi,i} - t_{\Psi,j}\| \leqslant \tau\} + \{\Phi_{s \times i}\}$ 为元胞 c_i 所有邻居的状态，β 为可能采取的强化信号集。每个元胞的状态由驻留在该元胞中所有学习自动机的状态来决定。

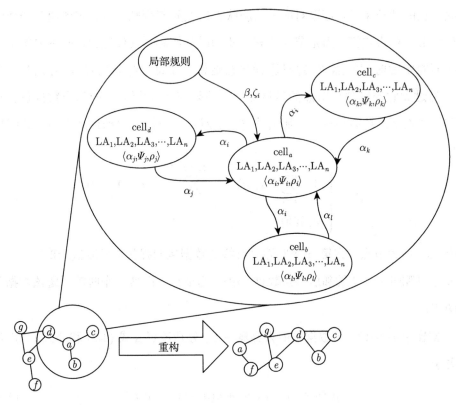

图 4-4 DICMLA 模型

4. 网络模型和基础知识

移动机会网络由一组随机移动的节点组成，节点存在一定的通信半径。假设在一个节点通信半径内的所有节点都可以与该节点通信，称为该节点的邻居节点。

邻居节点的个数随节点移动而随机变化。节点发送数据、接收数据和监听信道都需要消耗能量。移动机会网络中的每个节点映射为一个元胞，节点和周围邻居节点组成元胞空间。为了针对每一个缓存的数据包采取有针对性的策略，对节点缓存中的每个数据包，都分配一个学习自动机，可执行的动作为 a_0 和 a_1，分别表示是保留还是丢弃该数据包，对应动作的概率用 p_r(保留) 和 p_d(丢弃) 表示，其初始值设为 0.5。移动机会网络中节点的移动以及各节点之间无线连接的建立和断开，可看作元胞邻居动态变化。移动机会网络中节点的状态以及对节点缓存中数据包的处理策略，可以对应于元胞状态以及元胞规则。为了实现随时间连续变化的节点行为建模，固定节点状态更新的时间间隔。具体地说，网络中每个节点按照固定的时间间隔 T 定时进行状态更新，在每个时间间隔 T 开始时，节点 i 通过和它周围邻居节点的信息交互，获知节点 i 缓存中的每个数据包在周围邻居节点上的持有情况，按照公式 (4-1) 对每个数据包的动作产生相应的强化信号。

$$\beta_i(n) = \begin{cases} 1 & \displaystyle\sum_{j=1}^{\mathrm{SUM}_i(n)} a_j(n) - \sum_{j=1}^{\mathrm{SUM}_i(n-1)} a_j(n-1) > 0 \\ 0, \text{其他} \end{cases} \tag{4-1}$$

其中，$\beta_i(n)$ 为节点 i 在第 n 个时隙时对特定数据包的强化信号取值；$\mathrm{SUM}_i(n)$ 为第 n 个时隙时节点 i 的邻居节点数目；$a_i(n)$ 为节点 i 在第 n 个时隙保留该数据包的动作。

根据 $\beta_i(n)$ 的值，该数据包的丢弃概率 p_d 分别按照公式 (4-2) 和公式 (4-3) 进行更新：

$$p_d(n+1) = p_d(n) + a(n) \cdot (1 - p_d(n)) \tag{4-2}$$

$$p_d(n+1) = (1 - b(n)) \cdot p_d(n) \tag{4-3}$$

相应地，$p_r(n+1) = 1 - p_d(n+1)$，$a(n)$ 和 $b(n)$ 分别为学习自动机中的激励和惩罚参数，$0 < a(n) < 1$，$0 < b(n) < 1$，分别按照公式 (4-4) 和公式 (4-5) 进行计算：

$$a(n) = \frac{\phi \cdot R_i^m(n)}{\mathrm{SUM}_i(n)} \tag{4-4}$$

$$b(n) = \frac{\rho \cdot R_i^m(n)}{\mathrm{SUM}_i(n)} \tag{4-5}$$

其中，ϕ、ρ 为系数，取值范围为 $[0, 1]$；$R_i^m(n)$ 为节点 i 的所有邻居节点中在第 n 个时隙时持有数据包 m 的邻居节点数量；$\mathrm{SUM}_i(n)$ 为第 n 个时隙时节点 i 的邻居节点数目。

5. 缓存熵

研究表明，节点移动过程中相遇分布情况可用移动熵刻画[33]。基于此，定义节点缓存熵的概念，用来描述节点缓存中数据包目的地址的分布情况。由于节点在移动过程中遇到的节点是不固定的，节点携带数据包的目的地址数量越多，通过该节点能够直接成功投递数据包的可能性就越大。在数据包自身特性相同的情况下，优先丢弃缓存中数量较多的到达同一目的节点的数据包，用来接收新目的地址的数据包，有望增加通过该节点直接成功投递的机会。

定义 4-1 (数据包目的节点比例)　一个节点 i 上到达目的节点 j 的数据包数目和该节点缓存中所有数据包数目的比值定义为数据包目的节点比例 $P_{i,j}$，用公式 (4-6) 表示：

$$P_{i,j} = \frac{M_{i,j}}{M_{i,\mathrm{total}}} \tag{4-6}$$

其中，i 为网络中的任一节点；$M_{i,j}$ 为节点 i 上缓存目的节点为 j 的数据包数目；$M_{i,\mathrm{total}}$ 为节点 i 上所携带数据包的总数。

定义 4-2 (节点缓存熵)　节点 i 缓存熵定义为

$$H(i) = -\sum_{j=1}^{|m_\mathrm{d}|} P_{i,j} \ln P_{i,j} \tag{4-7}$$

其中，m_d 为节点 i 缓存中所有数据包的目的节点的集合；$P_{i,j}$ 表示节点 i 上到达目的节点 j 的数据包的节点比例。

4.2.3　基于 DICMLA 的拥塞控制策略

基于 DICMLA 的拥塞控制策略主要包括数据包丢弃概率的计算、数据包复制率的计算、数据包排队和丢弃策略以及丢弃数据包的处理等。

1. 数据包丢弃概率的计算

提出的基于元胞学习自动机计算数据包丢弃概率的算法如表 4-1 所示。

表 4-1　基于元胞学习自动机的数据包丢弃概率计算算法

算法流程
输入：节点 i 缓存中的数据包列表，节点 i 的当前邻居集合
输出：节点 i 缓存的每个数据包的丢弃概率
1.**for** 节点 i 的每个数据包 m
2.　$R_i^m(n) = 0;$ $//n$ 表示当前时隙序号
3.　**for** 节点 i 的每个邻居节点 j
4.　　**if** 该邻居节点 j 缓存数据包 m **then**
5.　　　$R_i^m(n)++$
6.　　**endif**
7.　**endfor**
8.　**if** $R_i^m(n) > R_i^m(n-1)$ **then**//若缓存数据包的邻居节点个数增加
9.　　　$p_d(n+1) = p_d(n) + a(n) \cdot (1 - p_d(n))$
10.　**else**
11.　　　$p_d(n+1) = (1 - b(n)) \cdot p_d(n)$
12. **endif**
13. **endfor**

2. 数据包复制率的计算

刘期烈等 [21] 提出了基于数据包转发次数估计数据包复制次数的方法，每当数据包被转发到一个不携带该数据包的节点时，其复制数加 1。如果相遇的两个节点持有相同的数据包，但数据包的复制次数值不相等，则统一用数据包复制次数大的值作为该数据包的复制次数。事实上，通过估计数据包复制次数的方法虽然实现较为简单、便捷，但存在着明显的缺点，即数据包复制次数的误差往往较大。为了减

小刘期烈等 [21] 所提出的数据包复制次数统计方法的误差, 在每个数据包的尾部增加一个列表字段 L, 用于记录数据包在传递过程中所经历的节点编号。由于网络中节点编号具有唯一性, 因此在数据包的传递过程中, 数据包的字段 $|L|$ 的值可用于准确描述该数据包的真实复制次数。具体来说, 当两个节点 A 和 B 相遇时, 如果携带有相同的数据包, 则该数据包经历节点的列表字段被更新为 $L_{\text{new}} = L_{\text{A}} \cup L_{\text{B}}$。由于该字段长度一般要远远小于数据包的长度, 所增加的计算和通信开销对于大数据包传递的性能影响较小, 可以忽略不计。通过这种方法, 一个数据包 m 的复制率可用公式 (4-8) 计算:

$$CR_m^{(}t) = \frac{|L_{\text{new}}|}{T_{\text{curt}} - T_{\text{init}}} \tag{4-8}$$

其中, T_{curt} 为网络运行的当前时间; T_{init} 为数据包 m 的产生时间; $|L_{\text{new}}|$ 为数据包 m 传递过程中所有经历节点列表中的元素个数。

3. 数据包排队和丢弃策略

当一个节点存在多个数据包需要传递时, 节点需要确定数据包的发送顺序, 因此需要对转发数据包进行排队。提高新近建立连接的数据包的优先级, 可以有效降低数据包传输中断的概率, 增大数据包发送成功的可能性。一种更合理的处理方式是根据实际需求, 定义每个数据包的优先级, 按照优先级发送数据包。此外, 对缓存的数据包进行排序和调度, 可以在缓存空间不足的情况下对当前缓存中的数据包进行丢弃处理。基于此, 提出了如下数据包的排队机制:

(1) 优先发送具有较小复制率的数据包。因为这类数据包在整个网络中的副本数占小, 从整体看, 其遇到目的节点的概率较低, 所以优先发送此类数据包可以增加数据包在网络中副本数, 进而有望提高投递成功率。

(2) 优先发送邻居节点中占例少的数据包。在当前的局部环境里, 增加这类数据包副本的节点数量, 有望提高投递成功率。按照公式 (4-9) 计算节点 i 缓存的数据包 m 在时刻 t 的排队权重:

$$W_{\text{q}} = \frac{\text{CR}_m(t) \cdot R_i^m(n)}{\text{SUM}_i(n)} \tag{4-9}$$

其中，W_q 表示数据包 m 的排队权重；$\mathrm{CR}_m(t)$ 表示数据包 m 在时刻 t 的复制率；$R_i^m(n)$ 为在第 n 个时隙持有数据包 m 的节点 i 的邻居节点的个数；$\mathrm{SUM}_i(n)$ 为第 n 个时隙时节点 i 的邻居节点数目。

此外，当一个数据包需要转发给一个以上的邻居节点时，对邻居节点按照缓存熵进行排序，并优先将数据包转发给缓存熵较小的邻居节点，以提高该邻居节点的缓存熵。

当节点缓存不足时，需要采取一定的数据包丢弃策略。为了综合考虑数据包剩余 TTL 和数据包丢弃概率对数据传输的影响，定义新的数据包丢弃权重，按照公式 (4-10) 计算：

$$W_d = \mathrm{TTL}_m(t) \cdot p_d(t) \tag{4-10}$$

其中，W_d 表示数据包 m 的丢弃权重；$\mathrm{TTL}_m(t)$ 为数据包 m 在 t 时刻剩余 TTL 值；$p_d(t)$ 为数据包 m 在 t 时刻的丢弃概率。

4. 丢弃数据包的处理

为了提高消息投递成功率并有效利用节点缓存空间，允许曾经丢弃过某个数据包的节点在适当的时机还可以再次接收该数据包。基于此，定义一个数据包 m 丢弃时的平均复制率，按照公式 (4-11) 计算：

$$\mathrm{CR}_m^d = \frac{|L|}{T_{\mathrm{drop}} - T_{\mathrm{init}}} \tag{4-11}$$

其中，T_{drop} 表示数据包 m 的丢弃时间；T_{init} 表示数据包 m 的生成时间；$|L|$ 表示数据包 m 传递过程中所有经历节点个数。

此外，需要在每个节点上维护一个丢弃数据包的链表，该链表中除了记录丢弃的数据包 ID 以外，还记录数据包丢弃时间以及数据包丢弃时经历过的中间节点列表。此时，一个数据包 m 会再次被一个节点 B 接收的过程可描述如下：

如果携带数据包 m 的节点 A 在移动过程中，遇到了曾经丢弃过数据包 m 的节点 B，由节点 A 计算数据包 m 的平均复制率 $\mathrm{CR}_m(t)$，由节点 B 计算出 CR_m^d。如果 $\mathrm{CR}_m(t) > \mathrm{CR}_m^d$，这表明节点 B 丢弃数据包 m 以后数据包的复制率提高了，但还是没有成功投递到目的节点,因此可以继续复制数据包到节点 B 上,以提高投递成功率。

4.2.4 基于 DICMLA 的拥塞控制算法流程

1. 拥塞检测与控制

网络中的每个节点均独立判断自身是否正在经历拥塞,判断的依据是节点在接收数据包 m 前将自身缓存的剩余情况 B_{free} 与需要接收数据包 m 的大小 S_m 进行比较,若 $B_{\text{free}} \geqslant S_m$,则表明节点未发生拥塞,可以接收数据包 m;否则,说明节点正在发生拥塞,需要进一步根据发送和接收节点上数据包的存储情况以及周围邻居节点持有该数据包的比例,判断是否需要接收该数据包。处于拥塞状态的节点按照如下步骤实施拥塞处理和拥塞避免:

(1) 根据本地保存的数据包丢弃链表,节点判断将要接收的数据包是否曾经被该节点丢弃过。如果是,则比较该数据包被丢弃时的复制率和平均复制率的大小。如果丢弃时的数据包复制率 CR_m^{d} 大于数据包的平均复制率 $\text{CR}_m(t)$,则丢弃新数据包;否则,转到步骤 (2)。

(2) 根据数据包的丢弃权值 W_{d},节点选择自身缓存中具有最大 W_{d} 值的数据包,将该数据包的复制率和新到数据包的复制率进行比较,如果新数据包的复制率 $\text{CR}_m(t)$ 小于当前节点缓存中根据 W_{d} 排序后的最后一个数据包的复制率,则不接收该数据包;否则,转到步骤 (3)。

(3) 节点丢弃自身缓存中具有最大 W_{d} 值的数据包,同时更新本地维护的数据包丢弃链表,判断缓存空间是否可以容纳将要接收的数据包。如果是,接收新的数据包,转到步骤 (4);否则,转到步骤 (2)。

(4) 节点计算当前时间与节点上次更新数据包丢弃概率时间的差值,如果该差值大于设定的固定时间间隔 ΔT,则节点需要与周围邻居节点交互彼此缓存数据包的信息,并重新计算数据包的丢弃概率和数据包经历的中间节点列表。

2. 基于 DICMLA 的拥塞控制算法流程图

图 4-5 描述了提出的基于 DICMLA 的拥塞控制 (DICMLA based congestion control, DBCC) 算法流程图。

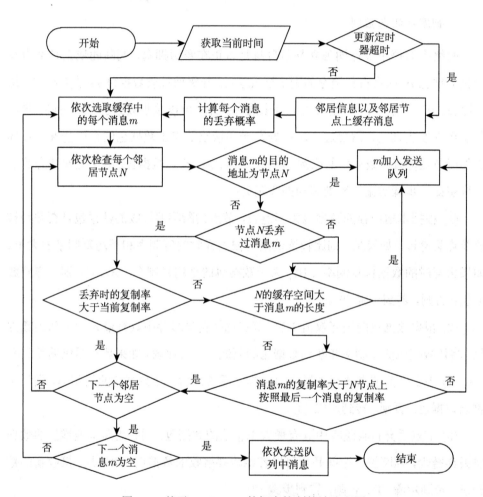

图 4-5 基于 DICMLA 的拥塞控制算法流程图

4.2.5 算法实验分析

1. 仿真实验设置

采用机会网络的 ONE 仿真平台 [34,35] 对所提出的拥塞控制算法进行仿真和性能评估，所采用的路由算法为传染病路由算法。在相同的实验环境下，将提出的 DBCC 算法与基于复制率的拥塞控制 (duplicate-ratio based congestion control, DRCC) 策略以及典型的拥塞控制策略 OPDP、NPDP 进行比较，从而验证 DBCC 算法的有效性和高效性。

在实验仿真过程中，本章所提出的 DBCC 算法中涉及的参数 ϕ、ρ 分别取值为 0.2 和 0.8，时间间隔参数 ΔT 取值为 10s，其他仿真参数的具体设置如表 4-2 所示。

表 4-2   DBCC 算法仿真参数设置

参数名称	取值
仿真区域大小	$2000 \times 2800 \mathrm{m}^2$
节点个数	60
节点移动速度	0.5~1.5m/s
通信范围	100m
等待时间	0~120s
传输速度	250KB/s
缓存大小	30MB
数据包大小	500~1024KB
数据包产生间隔	25~35s
数据包生存时间	300s
节点移动模型	RWP
仿真时间	43200s

下面基于三个路由性能指标比较上述拥塞控制算法的性能，这些性能指标包括：消息投递成功率、网络负载率和平均投递延迟。

(1) 消息投递成功率。消息投递成功率是指目的节点成功收到数据包的个数 N_d 和仿真时间内网络中数据包的产生总数 N_g 的比值 N_d/N_g，是衡量路由算法性能的一个重要指标。在相同的时间，网络中产生了相同数量数据包，成功接收的数据包数量越多，说明路由算法的投递性能越好。特别是在采用多副本路由策略下，往往取得高消息投递成功率的同时，伴随着高的数据包转发代价，也就是网络负载率。

(2) 网络负载率。网络负载率是指在数据包投递的过程中, 网络中所有节点转发数据包的总数 N_r 和投递成功数据包总数 N_d 的比值 N_r/N_d, 也就是为了成功投递每个数据包, 网络中所有节点需要转发的次数。在多副本路由策略下, 网络负载率通常是大于 1 的, 网络负载率越高, 说明转发成功每个数据包需要耗费的系统资源越多, 其实用性就越差。

(3) 平均投递延迟。平均投递延迟是指所有成功投递到目的节点的数据包从产生到成功投递到目的节点的过程中所花费时间的平均值。移动机会网络中数据包的投递延迟主要包括发送延迟、传输延迟、处理延迟、等待延迟以及缓存延迟, 其中最主要关注的是缓存引起的延迟。平均投递延迟一般和网络负载率相关, 延迟越小, 网络负载率就越高; 反之, 平均投递延迟越大, 则网络负载率越低。

2. 实验结果分析

(1) 图 4-6~图 4-8 分别描述了在不同节点数量条件下, 各个拥塞控制算法的消息投递成功率、网络负载率和平均投递延迟的比较结果。由图 4-6 可以看出,

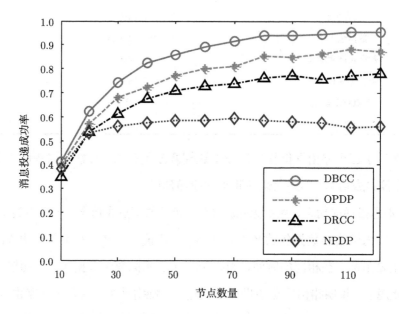

图 4-6　不同节点数量下的消息投递成功率比较

四种拥塞控制算法的消息投递成功率随着节点数量的增加而增加，这是由于随着
节点数量的增加，节点之间的接触更加频繁，数据包能够被复制到更多的中间节点
上，遇到目的节点的机会也就增加，进而在一定程度上提高了消息投递成功率。进
一步可以看出，提出的 DBCC 算法的消息投递成功率最高，与 DRCC 和 OPDP 拥
塞控制算法相比，分别提高了约 20% 和 10%。

  由图 4-7 可以看出，随着节点数量的增加，四种拥塞控制算法的网络负载率逐
步提高。这是由于随着网络中节点数量的增加，节点之间的接触变得更加频繁，数
据包在传递过程中经历的中间节点以及不同节点之间相互转发数据包的次数随之
增加，进而提高了网络负载率。更进一步，提出的 DBCC 算法的负载率增加幅度
要略小于其他三种算法，这表明拥塞控制算法在一定程度上降低了网络负载率，进
而对网络性能的提升有一定促进作用。

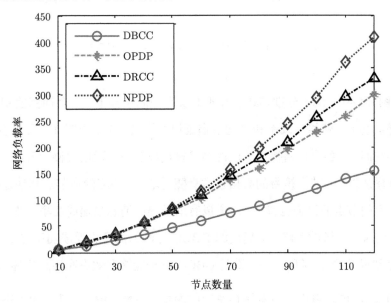

图 4-7　不同节点数量下的网络负载率比较

  由图 4-8 可以看出，随着网络中节点数量的增加，所有拥塞控制算法的数据
包的平均投递延迟都有下降趋势，而 DBCC 算法下降幅度最大。相比其他三种算
法中表现最好的 OPDP，DBCC 算法的数据包平均投递延迟减少 25% 左右，表明

DBCC 算法减少数据包平均投递延迟的效果十分明显。

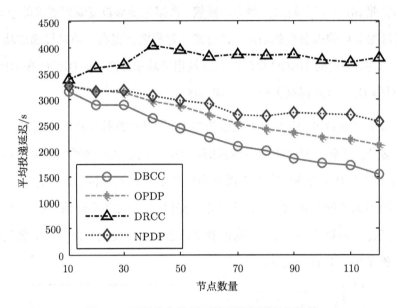

图 4-8   不同节点数量下的平均投递延迟比较

(2) 图 4-9~图 4-11 分别描述了在不同缓存空间条件下，各个拥塞控制算法的消息投递成功率、网络负载率和平均投递延迟的比较结果。由图 4-9 可以看出，在不同缓存空间下，各个拥塞控制算法的消息投递成功率呈现出缓慢上升趋势。因为缓存空间增加以后，节点携带的数据包数量随之增加，相应的在节点移动过程中遇到数据包目的节点的机会也就增加，所以有助于提高消息投递成功率。进一步观察得知，在这四种比较的策略中，提出的 DBCC 算法的消息投递成功率比 NPDP 和 OPDP 分别提升约 25%和 10%，说明 DBCC 算法能够有效提高消息投递成功率。

由图 4-10 可以看出，随着缓存空间的增加，虽然 DBCC 算法的网络负载率有所增加，但其增加幅度要低于其他三种算法，最好的情况是在缓存空间为 5MB 时，DBCC 算法的网络负载率比其他三种算法中网络负载率最低的 NPDP 还要低 50%以上。即使在最坏的情况下，当缓存空间达到 60MB 时，DBCC 算法的网络负载率比其他三种算法的网络负载率要低约 25%。

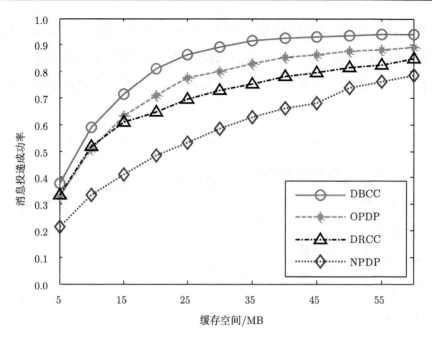

图 4-9 不同缓存空间下的消息投递成功率比较

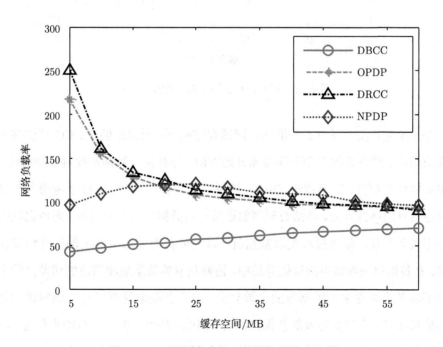

图 4-10 不同缓存空间下的网络负载率比较

　　由图 4-11 可以看出，不同缓存空间下，DBCC 算法的数据包平均投递延迟最小。虽然 DBCC 算法的数据包平均投递延迟随着缓存空间的增加有所增加，但逐渐趋于平稳，相比其他三种算法中表现最好的数据包，平均投递延迟要减少 20% 左右。

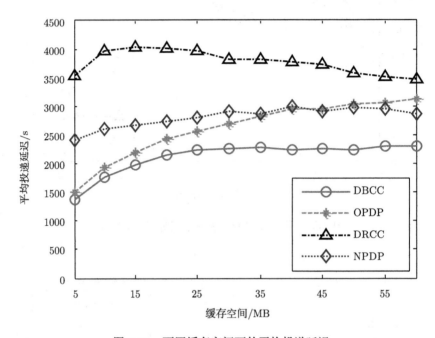

图 4-11　不同缓存空间下的平均投递延迟

　　综上所述，在不同节点数量和不同缓存空间下，所提出的 DBCC 算法在消息投递成功率、网络负载率和平均投递延迟方面，与其他三种拥塞控制算法相比，具有更好的性能提升。这是由于 DBCC 算法在实现拥塞控制时，除了考虑节点以及数据包自身的特性以外，还结合周围邻居节点对数据包的持有情况，对数据包的丢弃概率进行量化，量化过程是以数据包一段时间内在邻居节点上的持有情况作为依据。在数据包丢弃概率的量化算法中，需要获取的信息量和当前邻居节点的个数以及邻居节点缓存中的数据包的个数有关，只需要获取能够唯一标识网络中数据包的信息即可，不需要完整的数据包内容。因此，基于元胞学习自动机理论，以节点及其邻居节点组成的局部网络环境中数据包的分布情况近似数据包在整个网络中的实际分布, 能够更加接近真实情况, 从而具有更好的网络性能。

4.3 能量感知的数据传输算法

4.3.1 研究动机

在移动机会网络中, 用户有时需要传输较大的数据包, 如视频、音频等多媒体文件, 而大数据包的传输往往需要消耗更多的带宽和存储等资源, 这对移动机会网络的数据传输算法提出了新的挑战[36,37]。移动机会网络中节点的能量和通信能力都是有限的, 节点的无线发射功率限制了节点的传输半径。发射功率越大, 信号无线传输半径越大, 所消耗的能量也越大。由于无线信号传输的广播特性, 如果一个节点正在广播数据, 那么其邻居节点均能监听并接收数据。在理想情况下, 一个节点传输数据包所用时间与数据包的大小和通信链路的带宽有关, 可表示为 $t = s/v$, 其中, t 表示传输数据包所用时间, s 和 v 分别表示数据包的大小和通信链路的数据传输速度。事实上, 移动机会网络中节点的移动随机性导致了两个节点之间的相遇时间是随机不确定的。如果数据包较大或无线链路的带宽较小, 那么两个节点在单次相遇时间内可能无法全部把该数据包传输完毕。

针对上述问题, 目前普遍采用的策略是重传和断点续传策略[38-46]。重传策略实现机制简单, 如果两个节点在数据包未传输完毕的情况下分开, 那么接收节点将丢弃未传输完毕的数据包。在该策略下, 数据传输只有在两个节点单次相遇时间足够长时, 才能传输成功。因此, 重传策略可能因链路干扰、节点离开而导致不断重传, 增加了能量消耗并占用了无线链路带宽。在断点续传策略下, 一个节点将未接收完毕的数据包暂时保存一段时间, 在该有效时间内, 如果再次遇到发送节点, 则数据包的传输从上次中断的位置继续进行。断点续传策略与单纯的重传策略相比, 具有较好的实用性, 但仍然具有一定的局限性。在无线链路带宽较小和节点相遇较为稀疏的环境中, 移动机会网络中将出现大量的不完整的数据包, 其原因主要在于节点之间相遇稀疏性导致发送节点即使经过多次相遇仍然无法将一个较大的数据包成功传送给中继节点。在基于复制策略的数据路由算法中, 网络中充斥着大量不完整数据包的现象更为严重。

　　此外，在移动机会网络中，数据包一般具有有限的生存时间，在该生存时间内如果没有发送到目的节点，将被缓存该数据包的节点主动丢弃。为了提高数据投递成功率，减少因数据包的生存时间超时而丢弃所引发的数据投递成功率下降的情形，提出了面向大数据包的分段策略，并基于复制策略传输分段数据包。同时，为了限制网络中分段数据包的副本数，从而控制节点的能量消耗，提出了基于复制策略的两跳转发模式，在该模式下只允许数据包的源节点转发分段数据包，而接收到数据包的中继节点只是简单地缓存和携带该数据包直到遇到数据包的目的节点。通过这种方式，目的节点可以从多个中继节点分别接收不同的分段数据包，从而实现一种多路径的数据传输算法，有望大幅提高数据投递成功率、降低数据传输延迟和网络负载率。

4.3.2　算法设计

1. 模型和基础介绍

　　移动机会网络是由大量基于 D2D 通信连接的移动节点组成的，随机相遇的节点之间通过 D2D 连接传输数据和交换消息。为了应对由于大数据包和短相遇时间所导致的重传次数增加、不完整数据包数量激增的情况，提出数据包分解机制，将一个大数据包分解为多个较小的段。通过数据包分解机制，一个数据包 m 可以简化表示为 $m = (s, d, n, ttl)$，其中，s 表示产生数据包 m 的源节点，d 表示数据包 m 的目的节点，n 表示数据包 m 中段的数目，ttl 表示数据包 m 的剩余生存时间。如果一个段的大小为 k，则一个给定数据包 m 所包含段的数目可以用公式 $n = \lceil N/k \rceil$ 计算，其中，N 表示数据包 m 的大小。假设数据传输过程中的传输中断主要是由数据包的大小确定的，在单位大小的数据包引发的数据传输中断概率为 p，且传输各个数据包时的传输中断过程相互独立。对于一个大小为 k 的数据包，其一次传输成功的概率可用 $(1-p)^k$，其传输中断的概率为 $1 - (1-p)^k$。综上，数据包越大，数据传输中断的概率越大，重传次数越多。因此，合理分析网络环境，根据单位大小的数据包引发的数据传输中断概率 p，对传输中断函数求导，并计算得出合适的

k 值,使得传输中断函数取最小值,有望提高数据传输性能、降低重传次数和节点能量消耗。

2. 算法流程

移动机会网络中数据包的各个分段的副本数需要控制。如果副本数较少,节点间相遇的稀疏性导致目的节点不能及时遇到缓存副本的源节点和中继节点,从而降低了数据投递成功率并增加了数据传输延迟;反之,如果网络中存在大量的数据包分段的副本,在节点缓存空间足够和网络无线链路带宽较大的情况下,目的节点可以及时接收到数据包,但副本数的增加使得节点能耗增加严重,且浪费了较多的通信资源,甚至可能引发网络拥塞,从而降低网络性能。为了将每个数据包分段的数目控制在合理范围内,允许源节点记录每个分段的发送次数。提出的能量感知的数据传输 (energy-aware date forwarding, EADF) 算法流程如表 4-3 所示。

表 4-3　EADF 算法流程

算法流程
输入:节点 v 与邻居节点 $\{v_1, v_2, \cdots, v_n\}$ 相遇,n 是当前邻居节点个数
输出:节点 v 的转发决策
// 节点 v 按照 802.11 协议监听信道
1. **while** 节点 v 监听到数据传输 **do**
2.　节点 v 尝试接收数据,并按照 802.11 协议监听信道
3. **endwhile**
// 如果节点 v 从它的邻居节点成功接收到分段数据包
4. **if**　节点 v 从其邻居节点接收到分段数据包 g **then**
5.　　**if** 节点 v 是分段数据包 g 的目的节点 **then**
6.　　　节点 v 广播分段数据包 g 的确认消息
7.　　**else**
8.　　　**if** 节点 v 收到一个分段数据包 g 的确认消息 **then**
9.　　　　节点 v 从缓存中移除分段数据包 g
//分段数据包 g 已成功传送到目的节点
10.　　　**else**
11.　　　　节点 v 广播分段数据包 g 的确认消息

算法流程
12.　　　　endif
13.　　　endif
14.　endif
// 目的节点是节点 v 的一个邻居节点的分段数据包将被优先广播
15. **for** 每一个需要被传输的分段数据包 g **do**
16.　　　**if** 存在一个邻居节点 v'，且该节点是 g 的目的节点 **then**
17.　　　节点 v 传输数分段数据包 g 给 v'
18.　　　　endif
19. **endfor**
20. 节点 v 选择具有最小发送次数的分段数据包，用集合 $G = \{g_1, g_2, \cdots, g_m\}$ 表示，其中 $m > 1$
21. 节点 v 从集合 G 中随机选择一个分段数据包 g 并广播它
22. 节点 v 更新 g 的副本个数，$n = n + 1$
23. 转到步骤 1 除非所有的邻居节点都离开

在 EADF 算法中，每个节点维护着需要转发的分段数据包，并通过监听无线信道，在信道空闲时选择合适的分段数据包进行广播。当不存在空闲信道时，表明网络中有数据在传输，节点只是接收从邻居节点中广播的数据包。如果所接收的消息是一个分段数据包的确认接收消息，表明该分段数据包已成功传输到目的节点，那么该分段数据包将从缓存空间中删除。当网络中存在空闲信道时，节点试图按照数据包发送次数从小到大的次序依次广播分段数据包。为了限制一个分段数据包在网络中的副本数目，设置一个最大发送次数阈值，每个分段数据包的转发次数都被限制在这个阈值范围内。EADF 算法的空间复杂度较小，其原因在于每个分段数据包上只增加了一个发送次数，因此适合于资源受限的移动智能设备。

4.3.3　算法实验分析

1. 仿真实验设置

基于移动机会网络仿真工具 ONE[34,35]，实现了 EADF 算法并与经典路由算法传染病 [18]，扩散等待 [47] 和直接递交进行了对比实验。在传染病路由算法中，相遇的任意两个节点相互交换各自缓存的数据包；在直接递交路由算法中，源节点一直存储数据包，不再转发任意数据包除非遇到了数据包的目的节点；在扩散等待路由算法中，存在一个数据包副本数目的上界 L，节点对每一个新产生的数据包设置副本数值为 L。一个数据包副本存在两个阶段：当一个节点与另一个节点相遇时，若 L 大于 1，则转发数据包，并分别将数据包的副本数值减为原来的一半，此阶段称为扩散阶段；若 L 等于 1，则节点直到遇到数据包的目的节点时才传输数据包，此阶段称为等待阶段。

在仿真实验中，在 1000m×1000m 的区域内随机布置了一定数量的节点，这些节点基于 RWP 移动模型在场景中随机移动，其中节点移动速度随机分布在 0.5～1m/s，停留时间为 1～5s，每个节点的传输半径为 80m。

数据包的大小均匀分布在 800～2000KB，节点存储空间设置为 100MB。节点的数据传输速度设置为 80KB/s，节点的数量为 30 个。扩散等待路由算法中数据包副本的上界设置为 6。EADF 算法中每个分段数据包的副本上界也设置为 6，同时一个分段数据包的大小为 50KB。在网络仿真实验中，数据包的产生的时间间隔为 10～20s，实验仿真时长为 20000s，其中热身时间为 100s，其余的网络仿真参数采用 ONE 的默认设置。

上述四个算法比较的性能指标有三个：① 消息投递成功率，成功传输到目的节点的数据包个数在所有产生数据包总数的比例；② 平均投递延迟，一个数据包自产生到其成功传输到目的节点所花费时间的平均值，该指标只考虑传输成功的数据包；③ 网络负载率，网络带宽利用率的估计，定义为 m'/m，其中，m' 表示数据包被转发的次数，m 表示成功传输的数据包个数，显然 $m' \geqslant m$。

2. 实验结果分析

仿真实验结果表明，数据包 TTL 大小对算法性能具有较大影响。图 4-12～图 4-14 分别描述了上述四个算法在不同数据包 TTL 取值下的消息投递成功率、平均投递延迟和网络负载率的对比结果。从图中可以看出，与传染病、扩散等待、直接递交路由算法相比，提出的 EADF 算法具有更高的消息投递成功率、更低的消息投递延迟和网络负载率。

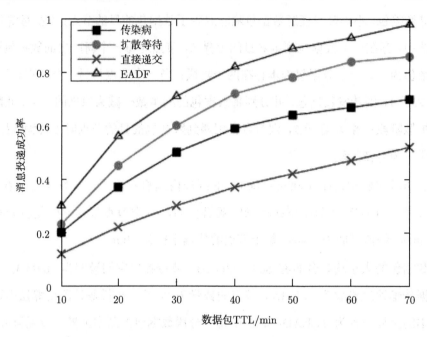

图 4-12　在不同 TTL 下的消息投递成功率比较

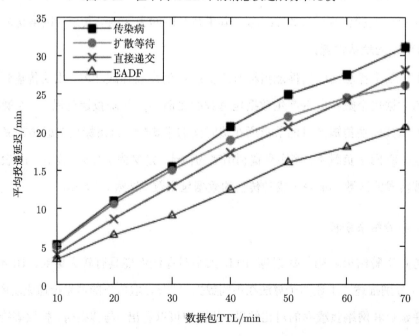

图 4-13　在不同 TTL 下的平均投递延迟比较

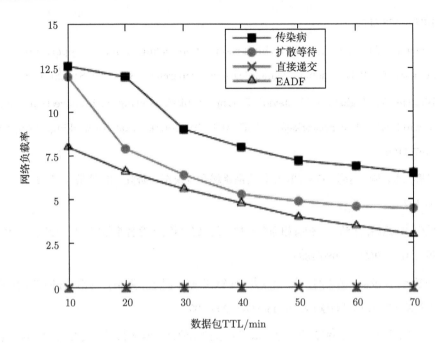

图 4-14 在不同 TTL 下的网络负载率比较

4.4 结论及进一步的工作

节点能量的有限性对移动机会网络数据传输算法带来了严峻挑战。本章从节省节点能量的角度出发，分别提出了面向移动机会网络的基于元胞自动机的拥塞控制算法和面向大数据包传输的基于能量感知的数据传输算法，这两个算法的初衷均是通过有效均衡节点与邻居节点间的能量消耗，以达到提高消息投递成功率、降低平均投递延迟和网络负载率的目的。未来的研究工作主要集中于同时考虑节省节点能量和节点的其他特征，如移动特征、社会特征和自私性等方面，设计更为实用的移动机会网络高效数据路由和数据传输算法。

参 考 文 献

[1] Soelistijanto B, Howarth P. Transfer reliability and congestion control strategies in opportunistic networks: a survey[J]. IEEE Communications Surveys and Tutorials, 2014,

16(1): 538-555.

[2] Wang Y, Wu J, Xiao M. Hierarchical cooperative caching in mobile opportunistic social networks[C]. IEEE Global Communications Conference, Austin, USA, 2014: 411-416.

[3] Bhorkar A, Naghshvar M, Javidi T. Opportunistic routing with congestion diversity in wireless ad hoc networks[J]. IEEE/ACM Transactions on Networking, 2016, 24(2): 1167-1180.

[4] 叶晖, 陈志刚, 赵明. ON-CRP: 机会网络缓存替换策略研究 [J]. 通信学报, 2010, 31(5): 98-107.

[5] 应俊, 杨慧娉, 王汝言. 带有相遇概率估计的机会网络缓存替换策略 [J]. 上海交通大学学报, 2015, 49(11): 1680-1684.

[6] 马学彬, 李爱丽, 张晓娟, 等. 稀疏机会网络中基于固定中继节点与消息相关性的缓存管理策略 [J]. 计算机科学, 2016, 43(11A): 296-300.

[7] 吴大鹏, 楼芄雯, 刘乔寿, 等. 带有编码冗余控制的机会网络数据转发机制 [J]. 通信学报, 2015, 36(3): 2015059-1-12.

[8] 张杨, 王小明, 林亚光, 等. 基于马尔可夫决策过程的机会网络转发策略 [J]. 计算机科学与探索, 2016, 10(1): 82-92.

[9] 李向丽, 李亚光. 一种随机早期检测技术的机会网络拥塞控制策略 [J]. 小型微型计算机系统, 2016, 37(6): 1217-1221.

[10] 伍班强. 机会网络中带拥塞控制的转发策略研究 [D]. 成都: 电子科技大学, 2017.

[11] 郑啸, 高汉, 王修君, 等. 移动机会网络中接触时间感知的协作缓存策略 [J]. 计算机研究与发展, 2018, 55(2): 338-345.

[12] 熊永平, 孙利民, 牛建伟, 等. 机会网络 [J]. 软件学报, 2009, 20(1): 124-137.

[13] Silva P, Burleigh S, Hirata M, et al. A survey on congestion control for delay and disruption tolerant networks[J]. Ad Hoc Networks, 2015, 25: 480-494.

[14] 彭舰, 李梦诗, 刘唐, 等. 机会网络中基于节点社会性的数据转发策略 [J]. 四川大学学报(工程科学版), 2013, 45(5): 57-63.

[15] 唐飞岳, 叶晖, 赵明. 机会网络节点唤醒调度机制研究 [J]. 计算机工程与应用, 2011, 47(26): 95-97.

[16] Cao Y, Cruickshank H, Sun Z. Active congestion control based routing for opportunistic delay tolerant networks[C]. IEEE 73rd Vehicular Technology Conference, Budapest, Hungary, 2011: 1-5.

[17] Hua D, Du X, Cao L, et al. A DTN congestion avoidance strategy based on path avoidance[C]. The 2nd International Conference on Future Computer and Communication, Wuhan, China, 2010, V1-855 -860.

[18] Vahdat A, Becker D. Epidemic routing for partially-connected ad hoc networks[R]. Technical Report CS-2000-06, Department of Computer Science, Duke University, Durham, USA, 2000.

[19] Krifa A, Barakat C, Spyropoulos T. Optimal buffer management policies for delay tolerant networks[C]. Proceedings of the Fifth Annual IEEE Communications Society Conference on Sensor Mesh and Ad Hoc Communications and Networks, California, USA, 2008: 260-268.

[20] 吴大鹏, 张普宁, 王汝言. 带有消息投递概率估计的机会网络自适应缓存管理策略 [J]. 电子与信息学报, 2014, 36(2): 390-395.

[21] 刘期烈, 潘英俊, 李云, 等. 延迟容忍网络中基于复制率的拥塞控制算法 [J]. 北京邮电大学学报, 2010, 33(4): 88-92.

[22] 王贵竹, 徐正欢, 李晓峰. DTN 中依据报文质量的拥塞控制策略 [J]. 计算机工程与应用, 2012, 48(9): 74-77.

[23] 杨永健, 王恩, 杜占玮. 基于马尔可夫相遇时间间隔预测的拥塞控制策略 [J]. 吉林大学学报 (工学版), 2014, 44(1): 149-157.

[24] 王恩, 杨永健, 李苊. DTN 中基于生命游戏的拥塞控制策略 [J]. 计算机研究与发展, 2014, 51(11): 2393-2407.

[25] 黎夏, 叶嘉安. 知识发现及地理元胞自动机 [J]. 中国科学: 地球科学, 2004, 34(9): 865-872.

[26] Chira C, Gog A, Lung I, et al. Complex systems and cellular automata models in the study of complexity[J]. Studia Informatica series, 2010, 55(4): 33-49.

[27] 杨立中, 方伟峰, 黄锐, 等. 基于元胞自动机的火灾中人员逃生的模型 [J]. 科学通报, 2002, 47(12): 896.

[28] Beigy H, Meybodi R. A mathematical framework for cellular learning automata[J]. Advances in Complex Systems, 2004, 7: 295-319.

[29] Oommen J. Recent advances in learning automata systems[C]. International Conference on Computer Engineering and Technology, Chengdu, China, 2010: 724-735.

[30] Beigy H, Meybodi R. Cellular learning automata with multiple learning automata in each cell and its applications[J]. IEEE Transactions on Systems, Man, and Cybernetics, Part B, 2010, 40(1): 54-65.

[31] Asnaashari M, Meybodi R. Irregular cellular learning automata and its application to clustering in sensor networks[C]. Proceedings of 15th Conference on Electrical Engineering, Tehran, Iran, 2007: 14-28.

[32] Esnaashari M, Meybodi R. A cellular learning automata-based deployment strategy for mobile wireless sensor networks[J]. Journal of Parallel and Distributed Computing, 2011, 71(7): 988-1001.

[33] Zhang L, Yu B, Pan J. GeoMob: a mobility-aware geocast scheme in metropolitans via taxicabs and buses[C]. IEEE Conference on Computer Communications, Toronto, Canada, 2014: 1279-1787.

[34] Keränen A, Ott J, Kärkkäinen T. The ONE simulator for DTN protocol evaluation[C]. Proceedings of the 2nd International Conference on Simulation Tools and Techniques for Communications, Networks and System, Rome, Italy, 2009: 55.

[35] Soares J, Farahmand F, Rodrigues C. Impact of vehicle movement models on VDTN routing strategies for rural connectivity[J]. International Journal of Mobile Network Design and Innovation, 2009, 3(2): 103-111.

[36] Vatandas Z, Hamm S, Kuladinithi K, et al. Modeling of data dissemination in Opp-Nets[C]. IEEE 19th International Symposium on a World of Wireless, Mobile and Multimedia Networks, Chania, Greece, 2018:1-4.

[37] 王震. 机会网络中数据分发机制的研究 [D]. 北京: 北京邮电大学, 2013.

[38] Xu Q, Su Z, Zhang K, et al. Epidemic information dissemination in mobile social networks with opportunistic links[J]. IEEE Transactions on Emerging Topics in Computing, 2015, 3(3): 399-409.

[39] 叶晖. 机会网络数据分发关键技术研究 [D]. 长沙: 中南大学, 2010.

[40] 程刚. 分层机会网络中数据分发机制关键技术研究 [D]. 北京: 北京邮电大学, 2015.

[41] 叶晖. 机会网络高效数据分发技术 [M]. 成都: 电子科技大学出版社, 2014.

[42] 孙菲. 机会网络中基于社区的数据分发机制研究 [D]. 南京: 东南大学, 2014.

[43] 潘双. 机会网络中基于节点自主认知的数据分发技术研究 [D]. 长沙: 湖南大学, 2014.

[44] 姚建盛. 自私性机会网络数据分发关键技术研究 [D]. 哈尔滨: 哈尔滨工程大学, 2017.

[45] 刘虎. 基于博弈论的机会网络数据分发机制研究 [D]. 哈尔滨: 哈尔滨工业大学, 2015.

[46] 赵广松, 陈鸣. 自私性机会网络中激励感知的内容分发的研究 [J]. 通信学报, 2013, 34(2): 73-84.

[47] Spyropoulos T, Psounis K, Raghavendra C. Spray and wait: an efficient routing scheme for intermittently connected mobile networks[C]. Proceedings of ACM SIGCOMM Workshop on Delay-Tolerant Networking, Philadelphia, Pennsylvania, USA, 2005: 252-259.

第5章　移动预测感知路由算法

移动机会网络由携带或嵌入智能终端的移动节点组成，并通过节点随机移动所带来的相遇机会进行通信和数据分享。因此，节点位置信息和节点间相遇机会对移动机会网络性能具有决定性的影响，节点位置和节点相遇的随机性和动态性为移动机会网络基本功能，尤其是数据路由和数据传输带来了严重挑战。移动机会网络应用本身往往需要获取节点的实时位置信息，以便为用户提供位置相关的功能和服务。因此，研究和设计节点移动感知和位置预测的移动机会网络算法已成为移动机会网络领域研究学者关注的焦点之一。本章针对节点随机移动和相遇对移动机会网络数据路由的影响，主要从移动感知的移动机会网络应用场景、节点移动模型及位置预测、移动预测感知路由算法的研究动机、网络模型、算法设计与实验分析几个方面对移动机会网络移动感知的数据路由展开深入研究。

5.1　应用场景

(1) 车载自组织网络。车载自组织网络是移动机会网络的一个主要应用领域[1-4]。未来智慧交通、智慧城市发展和成熟的标志之一是自动驾驶的普及和应用。车载自组织网络是在公交、地铁、汽车等交通工具中嵌入无线传感器和无线智能传输设备形成的自组织网络，这些智能设备会自动收集多种传感器采集的数据，并通过蓝牙或 WiFi 技术与附近车辆交换数据，可以完成路况收集、车辆诊断和路线导航功能[5-8]。由于这些车辆经常处于移动状态，而周围环境也是动态变化的，它需要在移动过程中不间断地收集各种感知数据，并实时地进行决策，如加减速和转向等，从而完成避障、前进等功能，最终实现车辆的自动安全行驶。

(2) 野生动物追踪与灾难救援。了解和掌握野生动物的生活习性、活动和迁徙规律是野生动物保护专家的一项主要工作。但是，野外环境恶劣、基础通信设施缺乏等不利条件增加了野外动物追踪的难度。事实上，通过在野生动物身上或者在野生动物周围放置各种传感器，可以实现自动、周期性地收集野生动物活动规律、身体生理指标、迁徙和移动轨迹数据等 [9,10]。基于移动机会网络的野生动物追踪不仅大大降低了追踪成本，而且对野生动物的日常行为侵扰性小，从而能够获得更真实的追踪数据，因此具有重要的应用价值。此外，通过在野外布设一些传感节点，也可以向附近的游客发布重要的位置、天气等信息，或者收集用户的紧急救援信息，从而有助于灾难救援 [11,12]。

(3) 面向特定区域的数据收集、传输和分发。移动感知的移动机会网络的另一个典型应用是面向特定区域的数据收集、传输和分发 [13-17]。在通信基础设施缺失或被破坏的情况下，用户可以借助移动机会网络将自身所产生的数据和内容经过"存储–携带–转发"模式投递到特定区域的其他用户。一个颇受关注的应用场景是：商店将商品电子优惠券或广告信息通过移动机会网络扩散至对该商品感兴趣的潜在消费者，而这些消费者往往集中于某特定区域 [18]。此外，在通信基础设施缺失的场景中，如因地震导致通信基础设施中断，个人、组织或政府都可能需要将特定紧急通知信息扩散给特定区域的人群 [1]。另外，基于移动机会网络收集特定区域中节点所感知的数据已成为目前群智感知研究领域的典型应用 [19]。

5.2 节点移动模型及位置预测

移动机会网络的数据传输完全依赖于移动节点之间的相遇机会，节点的移动和相遇建模成为影响移动机会网络性能的关键因素之一 [20-26]。已经知道，节点是对现实场景中的移动对象的抽象，不同场景下不同类型的移动对象显然具有特定的移动规律和节点相遇规律，因此研究学者针对特定场景研究并提出了一系列节点移动模型和节点相遇预测模型 [11,27-33]，从而为移动机会网络数据传输奠定了基础。

5.2.1   随机路点移动模型

随机路点 (random way point, RWP) 移动模型是由 Johnson 和 Maltz[34] 提出的一种节点随机移动模型，描述了移动节点的位置、移动速度和方向随着时间变化的过程，是一种经典的移动模型。RWP 移动模型由于其简单性和实用性，被广泛应用于各种网络仿真环境中。RWP 移动模型的节点由一系列持续的移动间隔组成，在每个移动间隔中，其移动行为由三个参数共同决定：移动间隔长度、移动方向和移动速度，这三个参数是相互独立的，且可以服从不同的分布。

RWP 移动模型的节点移动行为可以描述为：首先，节点随机选择一个移动速度、移动方向和移动间隔；然后，节点以所选定的移动速度按照选定的移动方向移动，需要持续移动间隔长度的时间，当移动的时间达到移动间隔长度时，将进入下一个移动片段，再次重复上述过程直到仿真时间结束。进一步研究表明，在 RWP 移动模型下，两个节点之间的相互移动速度近似满足瑞利分布 [34]。

5.2.2   随机游走移动模型和随机路径移动模型

随机游走 (random walk, RW) 移动模型 [35] 和随机路径 (random direction, RD) 移动模型 [36] 是 RWP 移动模型的简单推广模型。RW 移动模型也称为布朗运动模型，在该模型下，节点从当前位置出发，随机选择移动速度和移动方向，并开始移动，移动方向服从均匀分布。在 RD 移动模型下，节点移动速度是固定的，只需按照 $[0,2\pi]$ 的均匀分布选择一个移动方向即可。研究表明，在 RWP、RW 和 RD 移动模型下，节点相遇间隔时间均服从指数分布或其尾部服从指数分布。

需要指出的是，在很多网络仿真工具 (如 ONE) 中，上述经典的移动模型已被嵌入在仿真环境中，用户只需通过选择并设置相应的参数即可。此外，ONE 仿真工具还支持用户设置节点的停留时间的分布，即节点在每次移动间隔结束后，允许节点停留一段时间，然后再次移动，这在一定程度上增加了移动模型的灵活性和实用性。

5.2.3 参考点组移动模型

为了描述人类之间的聚集和整体移动效应，Hong 等 [37] 提出了一种参考点组移动 (reference point group mobility, RPGM) 模型，包括若干个组，每个组由若干节点组成并包含一个逻辑中心节点，组内节点的移动行为主要由组的逻辑中心节点的移动行为决定。通常，组内节点均匀分布在组的一个圆形区域内。首先，组的逻辑中心节点的移动行为可以由外部设定，如服从 RWP 移动模型。然后，组内每个节点在任意时刻的移动速度及方向由逻辑中心的移动向量及自身节点的移动向量共同叠加确定，其中，自身节点的移动向量的长度服从距离逻辑中心节点的一定半径内均匀分布，其方向可在 $[0, 2\pi]$ 上均匀选取。从整体看，组内节点均分布在一定半径的圆形区域内，并整体向某个位置移动。

5.2.4 曼哈顿移动模型和基于地图最短路径的移动模型

曼哈顿移动 (Manhattan mobility) 模型 [38] 用来模拟人和车辆在市区道路中移动的场景，市区一般是由相互垂直的街道交织组成的，节点在街道的移动只能按照水平或垂直方向运动。节点的移动行为可以描述为：单个节点在当前位置随机选择一个速度移动，当到达交叉路口时，由概率决定是否转弯以及转弯的方向；为了安全起见，当两个节点在同一条道路沿同样方向移动时，要考虑车辆速度，使得两车在下段时间内依然处于安全距离外。基于地图最短路径的移动 (shorted path map-based movement) 模型 [39] 与之类似，它要求移动节点沿着最短路径从当前位置移动到目的位置，并且可以为不同类型的节点设置其独特的道路类型，每种类型的节点只能在所设定的道路上运动。

5.2.5 高斯–马尔可夫移动模型

高斯–马尔可夫移动 (Gauss-Markov mobility) 模型 [40] 初始时赋予节点一个速度和方向，节点每次运动固定的时间间隔，然后按照一定的规则更新当前速度和方向，不断重复进行。具体地说，节点第 n 次运动时的速度和方向与第 $n-1$ 次的运动速度和方向有关，分别满足公式 (5-1) 和公式 (5-2)：

$$v_n = \alpha \cdot v_{n-1} + (1-\alpha) \cdot \bar{v} + \sqrt{(1-\alpha^2)} \cdot v_{s_{n-1}} \tag{5-1}$$

$$d_n = \alpha \cdot d_{n-1} + (1-\alpha) \cdot \bar{d} + \sqrt{(1-\alpha^2)} \cdot d_{s_{n-1}} \tag{5-2}$$

其中，v_n、d_n 分别表示节点在第 n 次间隔时的速度和方向；v_{n-1}、d_{n-1} 分别表示节点在第 $n-1$ 次间隔时的速度和方向；$\bar{v}$、$\bar{d}$ 分别表示节点的速度和方向的平均值；α 用来描述节点运动受到之前值的影响程度，在 $(0,1)$ 上取值，α 取值越小，表示节点受到之前运动的影响越小；$v_{s_{n-1}}$ 和 $d_{s_{n-1}}$ 是符合高斯分布的随机变量。节点在第 n 次运动时的位置坐标可以利用公式 (5-3) 和公式 (5-4) 来计算：

$$x_n = x_{n-1} + v_{s_{n-1}} \cdot t \cdot \cos(d_{n-1}) \tag{5-3}$$

$$y_n = y_{n-1} + v_{s_{n-1}} \cdot t \cdot \cos(d_{n-1}) \tag{5-4}$$

其中，(x_n, y_n) 和 (x_{n-1}, y_{n-1}) 分别是节点在第 n 次和第 $n-1$ 次间隔时的位置坐标；t 表示每次间隔的时间长度。

在高斯–马尔可夫移动模型下，节点的运动轨迹较为缓和，可以有效避免在 RWP 和 RW 移动模型中出现的节点速度和方向突然变化的问题。高斯–马尔可夫移动模型的优点在于，节点当前的运动受到其历史运动的影响，并支持调整不同的影响程度。

5.2.6　社区移动模型

社区移动 (community mobility) 模型 [41] 将整个正方形区域分成 $N \times N$ 个子区域，即社区，且将整个区域的正中心所在子区域为公共聚集社区，同时每个节点随机指派某个子区域为其私人聚集社区。节点的移动行为可以描述为：当节点在其所属的私人聚集社区时，它将以概率 p 选择公共聚集社区为其下一个移动目标，以概率 $1-p$ 选择其他子区域；当节点不在其私人聚集社区时，它将以概率 q 返回其私人聚集社区，而以概率 $1-q$ 访问其他子区域。

5.2.7 马尔可夫移动模型

马尔可夫移动 (Markov mobility) 模型[27] 将整个区域分为若干个相互连通的区域，每个节点在各个区域的转移过程可以用马尔可夫过程描述。具体地，当一个节点当前处于某个区域 i 时，它将以概率 P_{ii} 继续在区域 i 停留，以概率 P_{ij} 选择区域 j 为其下一个转移区域，并在下一时刻转移到区域 j。马尔可夫移动模型不考虑节点在各个区域之间转移所占用的时间，即假设节点可以瞬间转移到所选择的下一个区域。

5.3 移动预测感知路由算法详解

5.3.1 研究动机

每个移动模型均有其适用的应用场景。在校园、企业等工作或学习环境下，人们的移动行为更多地近似为马尔可夫移动模型。但是，经典的马尔可夫移动模型没有考虑节点在区域的停留时间的分布，而是假设时间是离散化的，每个节点通常在一个区域停留固定的时间，然后按照一定的概率移动到其他区域。事实上，在上述环境下，人们在各个区域往往会随机停留一段时间，这使得经典的马尔可夫移动模型不能准确地刻画节点的移动行为，进而导致基于该模型的节点相遇预测的准确性较差。因此，如何刻画节点在各个区域的逗留时间并考虑节点的移动规律成为进一步提高移动机会网络数据传输性能的突破点。考虑到半马尔可夫移动模型可以建模节点在各个状态的停留时间，提出基于半马尔可夫过程的节点移动模型，并基于所建立的模型进行节点相遇预测，在此基础上提出移动感知的路由算法，以进一步提高移动机会网络数据传输的性能。

5.3.2 网络模型

1. 模型假设

在一个移动机会网络中，除了节点有限的计算、缓存和通信能力，每个节点只能通过自身收集来自邻居节点的局部信息，如相遇时间间隔、相遇地点和节点停留时间，并依据所收集的局部信息和当前的邻居节点情况，对每个存储的数据包进行路由转发决策，确定每个数据包的中继节点并选择合适的转发时机。移动机会网络的路由采用多跳路由机制，即在路由转发过程中，数据包会被随时缓存在中继节点，并在遇到合适的中继节点时被再次转发。每个数据包具有一个生存周期，由于长时间地缓存和转发而没有被传递到目的节点时，可能因超时而失效并从节点缓存中移除。

考虑的一个校园场景的移动机会网络模型如图 5-1 所示，一定数量的节点在校园场景中自由移动，当移动到某个区域时，将停留一段时间，同一个区域内的节点 (如节点 A、B、C、D) 彼此通信；节点可以在不同区域相互移动，但在不同区域内的节点 (如节点 A 和 E) 不能彼此通信。假设在节点的单次相遇过程中，节点之间可以一次性把需要传输的数据传输成功，网络中的每一个区域都有一个独特的 ID，并且每一个节点都能够识别任何时候它所在的区域。整个网络由整个邻居区域组成，节点总是与特定的区域相关联并且在区域间的转移是不需要消耗时间的。

在上述移动机会网络场景中，区域可以建模为状态，节点可以在一个区域内停留一段时间，节点在区域之间的转移被建模为状态之间的转移。因此，一个节点的移动规律可以用半马尔可夫过程建模。

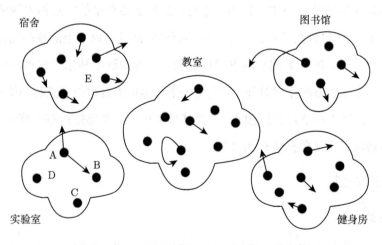

图 5-1　一个校园场景的移动机会网络模型

2. 单个节点的移动及相遇预测模型

首先对单个节点的移动规律建模, 然后计算节点在给定时长内从某区域到达任意区域的概率。单个节点的移动模型可以用一个时齐的半马尔可夫过程 $\{Z(t), t \geqslant 0\}$, 来表示, 其中, $Z(t)$ 表示节点在时刻 t 所处的状态。

(1) 有限状态集合 S 表示一个节点可能停留的所有区域。集合 S 中的状态变化过程可以建模为一个随机过程 $\{X_n, n \geqslant 0\}$, 其中, X_n 表示节点第 n 步转移后所处的状态, X_0 表示节点初始时刻所处的状态。随着 n 的每一次增加 1, 节点所处的状态转移发生一次。每当节点进入状态 $i \in S$, 它将在该状态随机停留一段时间, 然后再以概率 $P_{i,j}$ 转移到新的状态 j, 且 $P_{i,i} = 0$。因此, 随机过程 $\{X_n, n \geqslant 0\}$ 是半马尔可夫过程 $\{Z(t), t \geqslant 0\}$ 的嵌入马尔可夫链。

(2) 一个节点在状态 i 的保持时间, 即在状态 i 所对应区域的停留时间, 用随机变量 H_i 表示。需要指出的是, 状态停留时间不包括状态之间的转移时间, 即假设任何节点从一个区域移动到其他区域时不消耗任何时间。以状态 j 为节点的下一个状态, 节点在状态 i 的停留时间的分布函数用 $F_{i,j}$ 表示, 按照公式 (5-5) 计算:

$$F_{ij}(t) = P\{H_i \leqslant t | X_n = i, X_{n+1} = j\} \tag{5-5}$$

其中, H_i 是节点在状态 i 的停留时间的随机变量, 其概率分布函数可以用公式 (5-6) 表示:

$$\begin{aligned} H_i(t) &= P\{H_i \leqslant t | X_n = i\} \\ &= \sum_j P_{ij} \cdot F_{ij}(t) \end{aligned} \tag{5-6}$$

基于科尔莫戈罗夫–查普曼 (Kolmogorov-Chapman) 方程, 能够定义状态的 n 步转移概率, $P_{ij}^n = P\{X_{m+n} = j | X_m = i\}$, 并可以用公式 (5-7) 计算:

$$P_{i,j}^n = \begin{cases} \sum_k P_{i,k} \cdot P_{k,j}^{n-1}, & n > 1 \\ P_{i,j}, & n = 1 \end{cases} \tag{5-7}$$

用 $\bar{P}_{i,j}^n$ 表示一个当前处于状态 i 的节点经过 n 步转移后首次进入状态 j 的概率，可用公式 (5-8) 计算：

$$\bar{P}_{i,j}^n = \begin{cases} \sum_{k \neq j} P_{i,k} \cdot \bar{P}_{k,j}^{n-1}, & n > 1 \\ P_{i,j}, & n = 1 \end{cases} \tag{5-8}$$

下面提出一系列步骤来建模和计算当前已在状态 i 停留了 t 单位时间的节点在未来不超过 t' 单位时间内将首次进入状态 j 的概率。

步骤 1   如果一个节点当前已在状态 i 停留了 t 单位时间 $(t > 0)$，可以计算该节点在下次转移时进入状态 j 的条件概率，用公式 (5-9) 表示：

$$P\{X_{n+1} = j | X_n = i, H_i > t\}$$
$$= \frac{P\{H_i > t | X_{n+1} = j, X_n = i\} \cdot P\{X_{n+1} = j | X_n = i\}}{P\{H_i > t | X_n = i\}} \tag{5-9}$$

如果 $t = 0$，那么 $P\{X_{n+1} = j | X_n = i, H_i > 0\} = P_{i,j}$，这恰好是嵌入马尔可夫链 $\{X_n, n \geq 0\}$ 的状态转移概率。

步骤 2   如果一个节点当前已在状态 i 停留了 t 单位时间 $(t > 0)$，可以计算该节点在随后的 t' 单位时间内离开状态 i 的条件概率，用公式 (5-10) 表示：

$$P\{H_i \leqslant t + t' | X_n = i, H_i > t\}$$
$$= \frac{P\{H_i \in (t, t+t'] | X_n = i\}}{P\{H_i > t | X_n = i\}} \tag{5-10}$$
$$= \frac{H_i(t+t') - H_i(t)}{1 - H_i(t)}$$

如果 $t = 0$，那么 $P\{H_i \leqslant t' | X_n = i, H_i > 0\} = H_i(t')$。

步骤 3   如果一个节点当前已在状态 i 停留了 t 单位时间 $(t > 0)$，可以计算该节点在随后的 t' 单位时间内进入状态 j 的条件概率，用符号 $P(i, j, t, t')$ 表示，用公式 (5-11) 计算：

$$P(i,j,t,t') = P\{X_{n+1} = j, H_i \leqslant t + t' | X_n = i, H_i > t\}$$

$$= \frac{P\{H_i \in (t+t') | X_n = i, X_{n+1} = j\} \cdot P\{X_{n+1} = j | X_n = i\}}{P\{H_i > t | X_n = i\}} \quad (5\text{-}11)$$

$$= \frac{F_{i,j}(t+t') - F_{i,j}(t)}{1 - H_i(t)} \cdot P_{i,j}$$

如果 $t = 0$，那么 $P(i,j,0,t') = F_{i,j}(t') \cdot P_{i,j}$。

步骤 4 如果一个节点当前已在状态 i 停留了 t 单位时间 $(t > 0)$，可以计算该节点在随后的 m 步转移进入状态 j 的条件概率 $(m \geqslant 1)$，用公式 (5-12) 计算：

$$P\{X_{n+m} = j | X_n = i, H_i > t\}$$

$$= \sum_k P\{X_{n+1} = j | X_n = i, H_i > t\} \cdot P_{k,j}^{m-1} \quad (5\text{-}12)$$

步骤 5 如果一个节点当前已在状态 i 停留了 t 单位时间 $(t > 0)$，可以计算该节点在随后的 m 步转移首次进入状态 j 的条件概率 $(m \geqslant 1)$，用公式 (5-13) 计算：

$$P\{X_{n+m} = j, X_{n+m-1}, \cdots, X_{n+1} \neq j | X_n = i, H_i > t\}$$

$$= \begin{cases} \sum_{k \neq j} P\{X_{n+1} = k | X_n = i, H_i > t\} \cdot \bar{P}_{k,j}^{m-1}, & m > 1 \\ \dfrac{F_{i,j}(t+t') - F_{i,j}(t)}{1 - H_i(t)} \cdot P_{i,j}, & m = 1 \end{cases} \quad (5\text{-}13)$$

步骤 6 如果一个节点当前已在状态 i 停留了 t 单位时间 $(t > 0)$，可以计算该节点在随后的 t' 时间内首次进入状态 j 的条件概率，用符号 $\hat{P}_{i,j}^{t,t'}$ 表示，用公式 (5-14) 计算：

$$\hat{P}_{i,j}^{t,t'} = \begin{cases} P(i,j,t,t') + \sum_{k \neq j} \sum_{t_1=1}^{t'} P(i,k,t,t_1) \cdot \hat{P}_{k,j}^{0,t'-t_1}, & t' > 1 \\ P(i,j,t,t'), & t' = 1 \end{cases} \quad (5\text{-}14)$$

其中，$t' - t_1 > 0$，且

$$P(i,j,t,t') = P\{X_{n+1} = j, H_i \leqslant t + t' | X_n = i, H_i > t\} \quad (5\text{-}15)$$

$$P(i,j,t,t_1) = P\{X_{n+1} = j, H_i \leqslant t + t_1 | X_n = i, H_i > t\} \tag{5-16}$$

在计算一个节点进入数据包的目的节点所在状态的概率，即数据包的投递概率的过程中，所提出的模型考虑了节点在当前状态的即时停留时间。一般情况下，当一个节点已在某个状态停留了一段时间的条件下，离开该状态的概率值与未考虑该节点停留时间的概率的计算结果显然是不同的，这将导致所计算的数据包的投递概率也不同。为了得出更为精确的数据包投递概率的计算结果，考虑节点在任意状态的停留时间。基于所计算的投递概率，有望提高数据包的投递成功率并降低数据投递延迟。

3. 相遇传递感知的数据包投递概率计算

在移动机会网络中，数据投递成功率的高低很大程度上取决于携带数据包的节点所选的中继节点。显然，一个节点通过多跳转发数据包的方式要比仅仅依靠节点自身一直携带直到遇到目的节点的方式更为高效。更进一步，当携带数据包的节点与某个节点相遇时，仅比较这两个节点与目的节点的直接相遇概率进而确定下一跳中继节点是不够的。移动机会网络中数据包传输的多跳方式决定了节点间的相遇概率的准确计算应该考虑节点间相遇的传递性。

节点相遇具有传递性意味着节点 A 与 B 经常相遇，节点 B 与 C 经常相遇，那么节点 A 与 C 的间接相遇概率应该包含节点 A 与 C 的直接相遇概率与经过节点 B 的相遇概率。因此，为了准确预测数据包的投递概率，节点相遇的传递性需要被考虑到节点移动模型和节点相遇预测概率计算中。下面提出一种新的考虑节点相遇传递性的投递概率的计算方法。

首先，计算两个节点在给定区域相遇的概率。基于统计的方法可以计算一个节点在给定的时间内从某个区域到达其他区域的概率。但是，移动机会网络中的节点只能收集局部信息，无法得知任意一个节点的实时位置。假设节点 n_a 当前处于区域 i，它只能知道区域 i 的所有节点，而无法得知其他区域的节点信息。因此，在计算节点 n_a 与其他任意节点 n_b 在给定区域 j 相遇概率的过程中，一种合理的处理方式是只考虑节点 n_a 的当前区域和节点 n_b 在区域 j 的极限概率。节点在区域

j 的极限概率是节点 n_b 在区域 j 的长程时间比例。由于任意一个节点能够无限次地重复访问有限个区域，其嵌入马尔可夫链是可遍历的，因此存在极限概率。

一个节点处于状态 i 的极限概率，用符号 π_i 表示，等于其嵌入马尔可夫链在状态 i 的长程时间比例，因此可以作为节点在任意时刻处于状态 i 的概率，这也恰好是对应半马尔可夫过程的极限概率。根据马尔可夫过程理论，极限概率 π_i 存在唯一解且独立于初始时刻所处的状态，其值可以通过公式 (5-17) 所代表的方程组计算得出：

$$
\begin{cases}
\pi_i = \displaystyle\sum_{j=0}^{\infty} \pi_j \cdot P_{j,i}, \ \forall i \\
\displaystyle\sum_{j=0}^{\infty} \pi_j = 1
\end{cases}
\tag{5-17}
$$

其中，$P_{j,i}$ 是过程处于状态 j 时下一跳进入状态 i 的一步转移概率。

对于半马尔可夫过程 $\{Z(t), t \geqslant 0\}$，令 μ_i 表示节点在状态 i 的期望停留时间，则满足 $E[H_i] = \displaystyle\int_0^{\infty} t \mathrm{d}H_i(t)$。因此，过程 $\{Z(t), t \geqslant 0\}$ 的极限概率可以被认为是其嵌入马尔可夫链的极限概率的加权，其权重为在各个状态的期望停留时间，可用公式 (5-18) 计算：

$$
P_i = \frac{\pi_i \cdot \mu_i}{\displaystyle\sum_j \pi_j \cdot \mu_j}
\tag{5-18}
$$

其中，π_i 是公式 (5-17) 的解。

至此，在给定一个节点 n_a 当前处于区域 i 的条件下，可以计算节点 n_a 和任意一个节点 n_b 在给定区域 j 相遇的概率，该值等于节点 n_b 在区域 j 的极限概率与节点 n_a 进入区域 j 的条件概率的乘积，节点 n_a 进入区域 j 的条件概率可以用公式 (5-18) 计算。

然后，在考虑节点移动停留时间和节点相遇传递性的情况下，试图计算节点经过多跳转发方式将数据包投递到目的区域的概率。假设一个节点 n_a 已在区域 i 停留了 t 单位时间，该节点携带着一个目的区域为 j 的数据包。令函数 $D_{i,j}^{t,t'}(n_a)$ 表示当前在区域 i 停留了 t 单位时间的节点 n_a 传递一个目的区域为 j 且剩余生存时间为 t' 的数据包的成功投递的概率。需要指出的是，作为一个基于转发的单副本路由算法，对于任意一个数据包，移动机会网络中只存在该数据包的单个副本。由于 $D_{i,j}^{t,t'}(n_a)$ 等于节点 n_a 从状态 i 转移到目的状态 j 的概率，该值可以用从状态 i 到状态 j 的所有状态路径上的概率的最大值表示，分为如下两种情形：

(1) 只依靠节点 n_a 或它的邻居投递数据包，即数据包不再经过其他中继节点转发。此时，函数 $D_{i,j}^{t,t'}(n_a)$ 可以用公式 (5-19) 计算：

$$D_{i,j}^{t,t'}(n_a) = \max_{n \in n_a \cup N(a)} P_{i,j}^{t_1,t'}(n) \tag{5-19}$$

其中，$N(a)$ 表示节点 n_a 的当前邻居节点集合，即处于区域 i 的节点集合；t_1 表示节点 n 在区域 i 的已停留时间，对于节点 n，存在 $P_{i,j}^{t_1,t'}(n) = \hat{P}_{i,j}^{t_1,t'}$。

(2) 在数据包的转发过程中至少存在一次中继节点。在这种情况下，函数 $D_{i,j}^{t,t'}(n_a)$ 的推导较为复杂。首先，令 $d_{i,j}^{t,t'} = \max_{n \in n_a \cup N(a)} P_{i,j}^{t_1,t'}(n)$ 表示直接投递概率，此时节点 n_a 所选择的中继节点可表示为 $n_\Delta = \arg_{n \in n_a \cup N(a)} d_{i,j}^{t,t'}$。然后，在后续数据包转发过程中，如果存在更多的中继节点，则数据包的投递概率将会增加。因此，用公式 (5-20) 定义函数 $D_{i,j}^{t,t'}(n_a)$：

$$D_{i,j}^{t,t'}(n_a) = \max_\Omega \{d_{i,j}^{t,t'}, P_{i,k}^{t_1,t_2}(n) \cdot P(n_b,k) \cdot D_{k,j}^{0,t'-t_2}(n_b)\} \tag{5-20}$$

在公式 (5-20) 中，$\Omega = \{n \in n_a \cup N(a), n_b \in N, k \in S, t_2 > 0\}$，$N$ 表示所有节点，$P(n_b,k)$ 表示节点 n_b 在区域 k 的极限概率，$t'-t_2$ 表示数据包的剩余存活时间。

由于在计算公式 (5-20) 的过程中，无法提前确定中继节点 n_b 在区域 k 的停留时间，将其简化为 0，同时，函数 $D_{k,j}^{0,t'-t_2}(n_b)$ 也可以用直接投递概率进行简化。因此，函数 $D_{i,j}^{t,t'}(n_a)$ 可用公式 (5-21) 简化：

$$D_{i,j}^{t,t'}(n_a) = \max_\Omega \{d_{i,j}^{t,t'}, P_{i,k}^{t_1,t_2}(n) \cdot P(n_b,k) \cdot d_{k,j}^{0,t'-t_2}(n_b)\} \tag{5-21}$$

其中，$\Omega = \{n \in n_a \cup N(a), n_b \in N, k \in S, t_2 > 0\}$。

由此，可以依据公式 (5-21) 计算任意携带数据包的节点成功投递数据包的概率。

5.3.3 算法设计

在传统地理位置路由中，一般选择朝向目的区域移动的节点作为中继节点。但是，在现实生活中，人们的即时移动方向一般不能反映其未来移动区域，人们一般在一个区域内短暂停留并随机移动。当人们停留在某个区域时，通常不会保持静止不动，而是在该区域附近随机移动，这将导致基于即时移动方向的地理位置路由所选取的中继节点未必是最优的中继节点。因此，所提出的路由算法不再以用户的即时移动方向和速度作为中继节点选择的标准，而是以节点的移动轨迹、停留在各个地理区域的时间及转移作为路由的参考依据。具体来说，将一个用户的移动轨迹和在各个地理区域的停留时间及转移用半马尔可夫过程建模，并基于此提出了一种新的移动预测感知路由算法。

假设数据包用 3 元组 $m=(m_s, m_d, m_{ttl})$ 表示，其中表示 m_s 产生数据包的节点，m_d 表示数据包的目的区域，m_{ttl} 表示数据包的剩余生存时间。如果缓存数据包 m 的节点 s 目前已在区域 i 停留了 t 单位时间，那么相应的路由决策函数 $g(s, m, t)$ 可以用公式 (5-22) 表示：

$$g(s,m,t) = \arg \max_{n \in \{s\} \cup N(s)} D_{i,m_d}^{t(n),m_{ttl}}(n) \tag{5-22}$$

其中，$N(s)$ 是节点 s 的邻居节点集合；$D_{i,m_d}^{t(n),m_{ttl}}(n)$ 表示已停留在区域 i 的节点 n 在剩余 m_{ttl} 时间内到达目的区域 m_d 的概率；$t(n)$ 表示节点 n 已在区域 i 停留的单位时间。

为了计算路由决策函数 $g(s, m, t)$，每个节点需要了解并统计移动机会网络局部信息，包括停留时间分布和状态转移概率。文献 [27] 介绍了如何计算节点的停留时间及状态之间的转移概率。表 5-1 列出了所提出的移动预测感知路由算法流程。

表 5-1　移动预测感知路由算法流程

算法流程
输入：节点相遇信息，节点 s 携带数据包 m
输出：数据包 m 的中继转发节点 y
1. 每个节点计算状态转移概率 $P_{i,j}$，状态停留时间分布 $F_{i,j}(t)$
2. **for each** 节点 $x \in \{s\} \cup N(s)$ **do**
3.　　　节点 x 基于公式 (5-21) 计算 $D_{i,m_d}^{t(x),m_{\text{ttl}}}(x)$
4. **end for**
5. 节点 x 计算 $y \leftarrow \underset{x \in \{s\} \cup N(s)}{\arg} \, g(x, m, t(x))$
6. return y

在移动预测感知路由算法中，节点相遇信息包括节点的状态转移概率矩阵和停留时间分布。为了实现移动预测感知路由算法，每个节点 i 需要缓存的信息包括：状态转移概率矩阵 P，大小为 L^2，其中 L 为区域的个数，节点 i 在每个区域 j 的停留时间分布 $F_{i,j}(t)$，大小为 $L*W$，其中 W 为时间预测窗口。每个节点可以通过计算得出 $\hat{P}_{i,j}^{t,t'}$ 和 $D_{i,j}^{t,t'}$。一旦所需要的转移概率被计算出来，每个节点就能够据此进行高效路由决策。

5.3.4　算法实验分析

1. 仿真实验设置

下面采用机会网络的 ONE 仿真平台 [42,43] 对所提出的移动预测感知路由算法进行仿真和性能评估，进行对比的路由算法为传染病路由算法、基于频率路由算法、首次相遇路由算法、直接投递路由算法和预测转发路由算法 [27]。在传染病路由算法中，一个携带数据包的节点不断向其邻居节点广播数据包。最终，在网络带宽和节点缓存无限的理想环境下，网络中的每个节点都将获得数据包的一个副本。在传染病路由算法中，每个节点维护着该节点到达任意区域的可能性度量值，即在给定时间内达到某区域的概率。概率值越大，表明该节点未来越有可能去往给定区域。在进行路由决策时，携带数据包的节点将数据包转发给具有最大概率值的节点。在首次相遇路由算法中，节点只是将数据包直接转发给它首次相遇的节点。如果一个节点某个时刻同时与多个节点相遇，则它将随机选择一个节点作为数据包的中继节点进行转发。在直接投递路由算法中，节点一直携带数据包，从不转发该数据包到任何中继节点，除非遇到了该数据包的目的节点。显然，该路由算法的网络负载率最低。在预测转发路由算法中，半马尔可夫过程用于建模节点在各个区域的移动行为，并考虑了区域的转移概率以及在区域的停留时间，但是与所提移动预测感知路由算法相比，它没有考虑在区域的即时停留时间和相遇的传递性。

为验证所提出的算法在移动机会网络环境下的性能，需要分析了两个基本的路由性能指标，分别为：消息投递成功率和平均投递延迟，其具体定义如下：

(1) 消息投递成功率。消息投递成功率是指目的节点成功收到数据包的个数 N_d 和仿真时间内网络中所有产生数据包总数 N_g 的比值 N_d/N_g，是衡量路由算法性能的一个重要指标。在相同的时间，网络中产生了相同数量数据包，成功接收的数据包数量越多，说明路由算法的投递性能越好。特别是在采用多副本路由策略下，往往取得高数据包投递成功率的同时，伴随着高的数据包转发代价，也就是网络负载率。

(2) 平均投递延迟。平均投递延迟是指所有成功投递到目的节点的数据包从产生到成功投递到目的节点的过程中所花费时间的平均值。移动机会网络中数据包的投递延迟主要包括发送延迟、传输延迟、处理延迟、等待延迟以及缓存延迟，其中最主要关注的是缓存引起的延迟。数据包投递延迟一般是和网络负载率相关，延迟越小，网络的负载率就越高，反之亦然。

在仿真实验中采用了离散时间，建立了一个 3×4 的区域，如图 5-2 所示。所有节点初始时随机均匀分布于网络的各个区域内，一个区域内的所有节点均可以相互通信，而不同区域的节点不能直接通信。与一个区域相邻的区域的数量可能不同，这与区域的位置相关。例如，区域 A_{11} 有两个相邻区域：A_{12} 和 A_{21}；区域 A_{24} 有 3 个相邻区域；区域 A_{22} 有 4 个相邻区域。当一个节点在一个区域停留随机的一段时间后，它将随机地向该区域的邻居区域移动。例如，区域 A_{11} 中的节点可能会进入 A_{12} 或 A_{21} 区域。需要指出的是，节点从一个区域移动到相邻区域的时间为 0，即没有区域之间的移动时间。假设在一个区域内的所有邻居在一次相遇的时间内都可以完成所有需要的数据交换，即一个节点在进入某个区域后，依据路由决策，可以将其需要转发的数据全部成功转发完毕。为了仿真数据包的目的区域，布置 12 个特殊节点，分布固定在各个区域内，它们可以而且只能接收那些目的区域是它们所在区域的数据包。

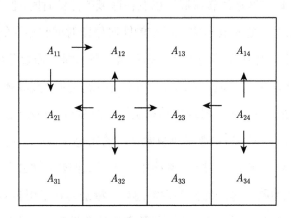

图 5-2　网络仿真区域示意图

影响移动预测感知路由算法性能的两个主要参数是 p 和 w，其中 p 表示轨迹偏移概率，w 表示最大停留时间窗口。具体地说，参数 p 用来建模节点的移动轨迹的偏移。在仿真实验中，每个节点在任何区域内停留一段时间后，都以概率 p 访问预先确定好的邻居区域，而以概率 $1-p$ 移动到其他邻居区域。参数 p 的取值范围在 0.5~1。一个较小的 p 值意味着较大的移动不确定性。一个节点移动到一个区域后，将在该区域随机停留 $t \in [2, 2+w]$ 单位时间。参数 w 的取值范围在 0~100，步长为 10。显然，较大的 w 值意味着一个节点将在区域内停留较长的时间。一旦一个节点进入某个区域，它将从 $[2, 2+w]$ 内随机均匀地取一个值作为在区域的停留时间，当停留时间结束后，将以概率 p 移动到预先定义的相邻区域，以概率 $1-p$ 移动到其他相邻区域。

在仿真实验中，30 个节点随机部署在网络中。每个数据包的 TTL 设置为 120，数据包的源节点和目的节点均随机确定。实验的仿真时间长度为 20000，其中，仿真实验的预热时间设置为仿真时长的一半，数据包的产生速率为 60kB/s。在上述参数下，为了对比节点在区域内停留时间分布函数对实验性能的影响，设计了两个场景：一个是均匀分布，节点的停留时间均匀分布在 $[2, 2+w]$ 上，另一个是正态分布，节点的停留时间服从参数为 $((4+w)/2, w/6)$ 的正态分布。对于正态分布，超过 99% 的停留时间的取值落在 $(2, 2+w)$ 区间上。

2. 实验结果分析

根据参数 p 的定义，当 $p=1$ 时，节点的移动行为是完全确定的，可以精确预测节点的移动轨迹。此时，每一个节点初始已确定其未来的轨迹，即它的下一个移动区域是已知的。当节点在停留在某个区域一段时间后，它下一个将进入的区域是 100% 确定的。当 $p=0.5$ 时，节点的移动行为是随机和难以准确预测的。显然，当 $p=0.75$ 时，节点的移动行为的可预测性介于上述两种取值之间。

首先，对比各种路由算法在消息投递成功率方面的结果。图 5-3 和图 5-4 分别描述了在两种场景下，各个路由算法的消息投递成功率指标随着最大停留时间窗口 w 的变化情况。在图 5-3 中，节点停留时间服从均匀分布，而在图 5-4 中，节点停留时间服从正态分布。从图中可以看出，传染病路由算法的消息投递成功率最高，其原因在于其采用了基于泛洪的转发策略。移动预测感知路由算法和预测转发路由算法的数据投递成功率明显高于基于频率、首次相遇和直接投递路由算法。这是由于移动预测感知和预测转发路由算法都能够较为准确地预测的节点移动性，基于节点的移动模型选择了较为合适的中继转发节点，从而使得路由决策更为准确，提高了数据投递成功率。可以看出，随着 w 的不断增加，移动预测感知和预测转发路由算法的消息投递成功率在逐渐下降，其主要原因在于 w 影响了节点的停留时间，为节点的移动轨迹预测增加了不确定性。更进一步，提出的移动预测感知路由算法的消息投递成功率略微高于预测转发路由算法。这主要是由于移动预测感知路由算法在进行路由决策时考虑了节点在当前区域的停留时间和节点相遇的传递性，与没有考虑这些因素的预测转发路由算法相比，其节点轨迹预测准确性更高。此外，发现移动预测感知和预测转发路由算法在 $p=1$ 时的路由性能明显好于 $p=0.75$ 和 $p=0.5$ 时的情况。而且，预测转发路由算法在场景 2(停留时间服从正态分布) 的路由性能要稍好于在场景 1(停留时间服从均匀分布) 的情形。究其原因，可以认为在停留时间服从正态分布的场景中，节点停留时间更集中，主要分布在均值附近，导致节点移动轨迹预测更为准确。因此，可以得出如下结论：节点的移动的规律性越强，其对应移动预测感知路由算法的路由决策越准确，导致算法的消息投递成功率越高。

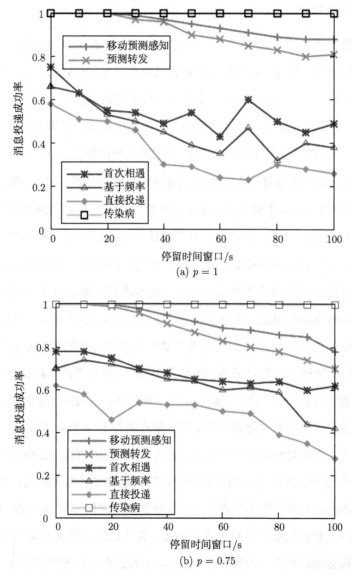

(a) $p = 1$

(b) $p = 0.75$

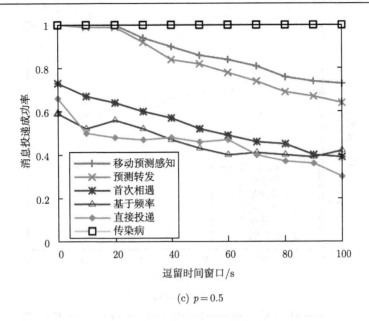

(c) $p = 0.5$

图 5-3 场景 1 下各路由算法的消息投递成功率比较

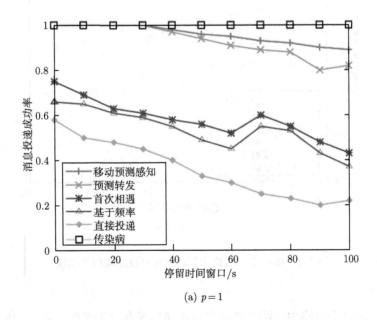

(a) $p = 1$

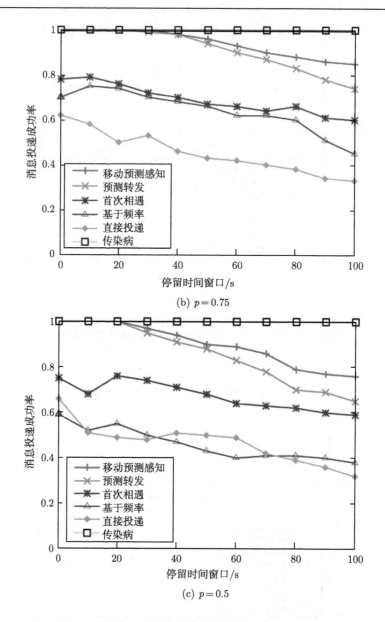

(b) $p = 0.75$

(c) $p = 0.5$

图 5-4　场景 2 下各路由算法的消息投递成功率比较

　　然后，对比不同路由算法在消息平均投递延迟方面的表现。图 5-5 和图 5-6 分别描述了在两种场景下，各个路由算法的平均投递延迟随着最大停留时间窗口 w 的变化情况。在图 5-5 中，节点停留时间服从均匀分布，而在图 5-6 中，节点停留时间服从正态分布。从图中可以看出, 传染病路由算法的平均投递延迟最低, 其原因在于其采用了基于泛洪的转发策略, 数据包可以快速地在网络中扩散。移动预测感知和预测转发路由算法的平均投递延迟明显高于基于频率、首次相遇和直接投递路由算法。与上述实验相似, 这是由于移动预测感知和预测转发路由算法都能够较为准确地预测的节点移动性, 基于节点的移动模型选择了较为合适的中继转发节点, 从而使得路由决策更为准确, 在提高消息投递成功率的同时, 降低了平均投递延迟。可以看出, 随着 w 的不断增加, 移动预测感知和预测转发路由算法的平均投递延迟在逐渐增加, 其主要原因在于 w 影响了节点的停留时间, 为节点的移动轨迹预测增加了不确定性, 也增加了平均投递延迟。更进一步, 提出的移动预测感知路由算法的平均投递延迟略微低于预测转发路由算法。主要原因是移动预测感知路由算法在进行路由决策时考虑了节点在当前区域的停留时间和节点相遇的传递性。此外, 发现移动预测感知和预测转发路由算法在 $p=1$ 时的路由性能明显优于 $p=0.75$ 和 $p=0.5$ 时的情况。

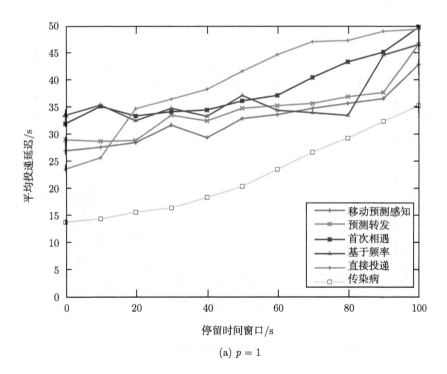

(a) $p = 1$

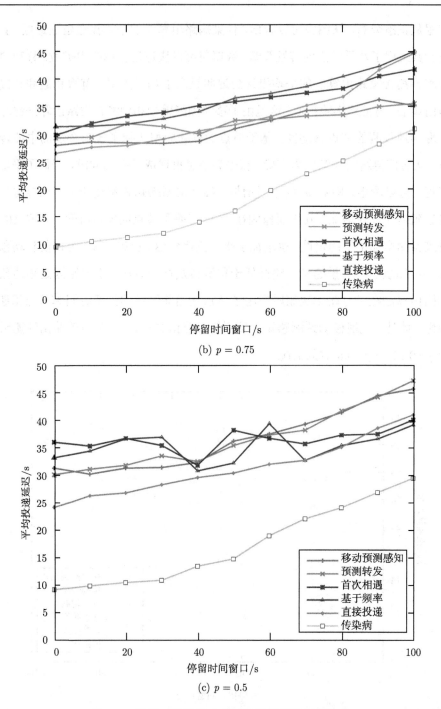

(b) $p = 0.75$

(c) $p = 0.5$

图 5-5　场景 1 下各路由算法的平均投递延迟比较

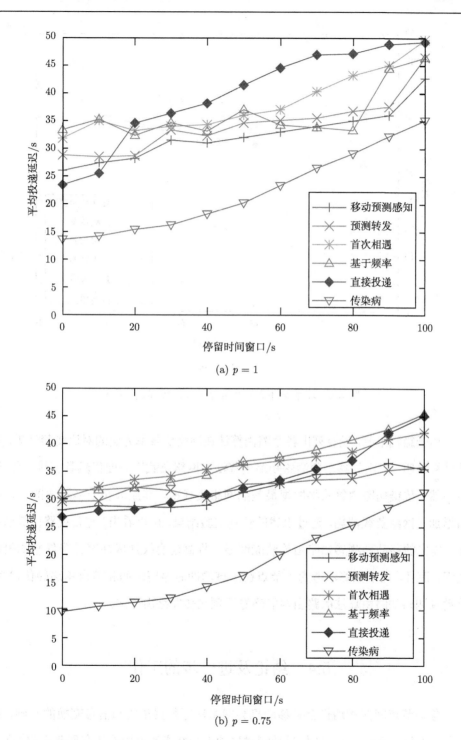

(a) $p = 1$

(b) $p = 0.75$

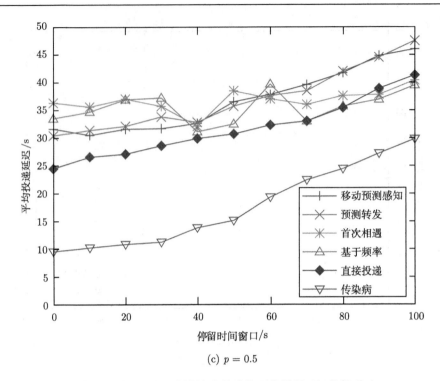

(c) $p = 0.5$

图 5-6　场景 2 下各路由算法的平均投递延迟比较

　　由于篇幅限制，没有列出各个路由算法在网络负载率方面的对比实验结果。实验结果表明，提出的移动预测感知路由算法在网络负载率方面仍然具有较大优势，而显然，传染病路由算法将取得最差的网络负载率，其原因在于多副本的转发策略增加了网络负载消耗。通过上述的仿真实验结果，可以看出，与传统路由算法相比，提出的移动预测感知路由算法能够显著提高消息投递成功率并降低平均投递延迟，而且，由于该算法考虑了节点在区域的即时停留时间和节点相遇的传递性，移动预测感知路由算法的路由性能略好于预测转发路由算法。

5.4　结论及进一步的工作

　　移动节点间的相遇机会是移动机会网络进行数据传输和信息交换的基础，移动节点的位置感知、轨迹和相遇预测对移动机会网络数据传输具有重要影响。本章从提高节点相遇预测的准确性角度出发，提出了一种基于半马尔可夫过程的节点移动轨迹模型，并提出了考虑节点相遇传递性的节点相遇预测方法，在此基础上提出了相应的移动预测感知路由算法。仿真实验结果验证了提出的路由算法的准确性和实用性。未来进一步的工作主要包括移动感知的数据扩散算法、移动感知的节点隐私保护方法的研究以及在大规模环境下的高效性分析和应用推广。

参 考 文 献

[1] Namritha R, Karuppanan K. Opportunistic dissemination of emergency messages using VANET on urban roads[C]. 2011 International Conference on Recent Trends in Information Technology, Chennai, India, 2011: 172-177.

[2] Suthaputchakun C, Dianati M, Sun Z. Trinary partitioned black-burst-based broadcast protocol for time-critical emergency message dissemination in VANETs[J]. IEEE Transactions on Vehicular Technology, 2014, 63(6): 2926–2940.

[3] Zhang X, Cao X, Yan L, et al. A street-centric opportunistic routing protocol based on link correlation for urban VANETs[J]. IEEE Transactions on Mobile Computing, 2016, 15(7): 1586-1599.

[4] Li N, Martínez-Ortega J, Díaz H, et al. Probability prediction-based reliable and efficient opportunistic routing algorithm for VANETs[J]. IEEE/ACM Transactions on Networking, 2018, 26(4): 1933-1947.

[5] 程嘉朗, 倪巍, 吴维刚, 等. 车载自组织网络在智能交通中的应用研究综述 [J]. 计算机科学, 2014, 41(6A): 1-10.

[6] Hull B, Bychkovsky V, Zhang Y, et al. CarTel: a distributed mobile sensor computing system[C]. Proceedings of the 4th International Conference on Embedded Networked Sensor Systems, Boulder, USA, 2006: 125-138.

[7] Lo C, Kuo H. Traffic-aware routing protocol with cooperative coverage-oriented information collection method for VANET[J]. IET Communications, 2017, 11(3): 444-450.

[8] Guo C, Li D, Zhang G, et al. Real-time path planning in urban area via VANET-assisted traffic information sharing[J]. IEEE Transactions on Vehicular Technology, 2018, 67(7):

5635-5649.

[9]   Juang P, Oki H, Wang Y, et al. Energy-efficient computing for wildlife tracking: design tradeoffs and early experiences with ZebraNet[C]. Proceedings of the 10th International Conference on Architectural Support for Programming Languages and Operating Systems, San Jose, USA, 2002: 96-107.

[10]   Small T, Haas Z. The shared wireless infostation model: a new ad hoc networking paradigm (or where there is a whale, there is a way)[C]. Proceedings of the 4th ACM International Symposium on Mobile Ad Hoc Networking and Computing, Annapolis, USA, 2003: 233-244.

[11]   符敏. 机会网络中城轨交通移动模型及其路由算法的研究 [D]. 广州: 华南师范大学, 2016.

[12]   Chiou S, Liao Z. A real-time, automated and privacy-preserving mobile emergency-medical-service network for informing the closest rescuer to rapidly support mobile-emergency-call victims[J]. IEEE Access, 2018, 6: 35787-35800.

[13]   叶晖. 机会网络数据分发关键技术研究 [D]. 长沙: 中南大学, 2010.

[14]   王震. 机会网络中数据分发机制的研究 [D]. 北京: 北京邮电大学, 2013.

[15]   Wang S, Wang X, Huang H, et al. The potential of mobile opportunistic networks for data disseminations[J]. IEEE Transactions on Vehicular Technology, 2016, 65(2): 912-922.

[16]   Wang X, Lin Y, Zhao Y, et al. A novel approach for inhibiting misinformation propagation in human mobile opportunistic networks[J]. Peer-to-Peer Networking and Applications, 2017, 10(2): 377-394.

[17]   Zhang L, Yu S, Huang Y, et al. An efficient content dissemination approach for mobile e-learning[C]. 3rd International Conference on Modern Education and Social Science (MESS 2017), Nanjing, China, 2017: 655-660.

[18]   Thilakarathna K, Viana C, Seneviratne A, et al. Mobile social networking through friend-to-friend opportunistic content dissemination[C]. The Fourteenth ACM International Symposium on Mobile Ad Hoc Networking and Computing, Bangalore, India, 2013: 263-266.

[19]   Zhan Y, Xia Y, Liu Y, et al. Incentive-aware time-sensitive data collection in mobile

opportunistic crowdsensing[J]. IEEE Transactions on Vehicular Technology, 2017, 66(9): 7849-7861.

[20] 杨光. 机会网络中的用户移动模型 [D]. 湘潭: 湖南科技大学, 2011.

[21] 牛建伟, 郭锦铠, 刘燕, 等. 基于移动预测的高效机会网络路由算法 [J]. 通信学报, 2010, 31(9A): 73-80.

[22] 马恒. 机会网络中社区模型及其路由的研究 [D]. 南京: 南京航空航天大学, 2012.

[23] 蒋凌云, 冯莹, 孙力娟. 移动模型对机会网络路由协议的影响研究 [J]. 南京邮电大学学报 (自然科学版), 2015, 35(5): 32-40.

[24] 陈德鸿. 机会网络移动模型研究 [D]. 郑州: 河南大学, 2015.

[25] Batabyal S, Bhaumik P. Mobility models, traces and impact of mobility on opportunistic routing algorithms: a survey[J]. IEEE Communications Surveys and Tutorials, 2015, 17 (3): 1679-1707.

[26] Helgason R, Kouyoumdjieva S, Karlsson G. Opportunistic communication and human mobility[J]. IEEE Transactions on Mobile Computing, 2014, 13(7): 1597-1610.

[27] Yuan Q, Cardei I, Wu J. An efficient prediction-based routing in disruption-tolerant networks[J]. IEEE Transactions on Parallel Distributed Systems, 2012, 23(1): 19-31.

[28] 程刚, 张云勇, 张勇, 等. 基于人类真实场景的分时段的机会网络移动模型 [J]. 通信学报, 2013, 34(Z1): 182-189.

[29] 欧阳真超. 基于重叠社团的机会网络路由算法及移动模型研究 [D]. 呼和浩特: 内蒙古大学, 2014.

[30] 陈智. 基于 K-means 聚类算法的机会网络群组移动模型及其长相关性研究 [D]. 湘潭: 湘潭大学, 2015.

[31] 陈成明, 虞丽娟, 凌培亮, 等. 基于远洋渔船作业场景的机会网络移动模型 [J]. 同济大学学报: 自然科学版, 2018, 46(8): 1107-1114.

[32] 彭诗尧. 基于商业区域的机会网络移动模型和路由算法 [D]. 湘潭: 湘潭大学, 2015.

[33] 周永进. 基于社区分层的机会网络移动模型与仿真 [D]. 哈尔滨: 哈尔滨工程大学, 2015.

[34] Johnson B, Maltz A. Chapter dynamic source routing in ad hoc wireless networks[J]. Mobile Computing, 1996, 353(1): 153-181.

[35] Chiang H, Shenoy N. A 2-D random-walk mobility model for location management

studies in wireless networks[J]. IEEE Transactions on Vehicular Technology, 2004, 53(2): 413-424.

[36] Carofiglio G, Chiasserini F, Garetto M, et al. Route stability in MANETs under the random direction mobility model[J]. IEEE Transactions on Mobile Computing, 2009, 8(9): 1167-1179.

[37] Hong X, Gerla M, Pei G, et al. A group mobility model for ad hoc wireless networks[C]. Proceedings of the 2nd ACM international workshop on Modeling, analysis and simulation of wireless and mobile systems, Seattle, USA, 1999: 53-60.

[38] Perdana D, Nanda M, Ode R, et al. Performance evaluation of PUMA routing protocol for manhattan mobility model on vehicular ad-hoc network[C]. 22nd International Conference on Telecommunications, Sydney, Australia, 2015: 80-84.

[39] Hossen S, Rahim S. Impact of mobile nodes for few mobility models on delay-tolerant network routing protocols [C]. International Conference on Networking Systems and Security, Dhaka, Bangladesh, 2016: 1-6.

[40] Liang B, Haas Z. Predictive distance-based mobility management for multidimensional PCS network[J]. IEEE /ACM Transactions on Networking, 2003, 11(5): 718-732.

[41] Lindgren A, Doria A, Schelen O. Probabilistic Routing in Intermittently Connected Networks[J]. ACM SIGMOBILE Mobile Computing and Communications, 2003, 7(3): 19-20.

[42] Keränen A, Ott J, Kärkkäinen T. The ONE simulator for DTN protocol evaluation[C]. Proceedings of the 2nd International Conference on Simulation Tools and Techniques for Communications, Networks and System, Rome, Italy, 2009: 55.

[43] Soares J, Farahmand F, Rodrigues C. Impact of vehicle movement models on VDTN routing strategies for rural connectivity[J]. International Journal of Mobile Network Design and Innovation, 2009, 3(2): 103-111.

第 6 章　基于社会性的概率数据传输算法

移动机会网络的典型应用场景是由携带移动智能设备的人通过设备–设备的短距离无线传输技术 (如 WiFi、蓝牙等) 进行数据传输和信息分享。事实上，作为群体性活动的人具有较强的社会性，如中心性、聚集性、兴趣、爱好、自私性等，这对移动机会网络应用产生了一定的影响。对此，研究学者提出了一系列基于社会性的路由和数据传输算法。本章分别从社会性感知的移动机会网络数据传输应用场景和基于社会性的路由和数据传输算法对移动机会网络数据传输展开深入研究。

6.1　应 用 场 景

前面的章节介绍了移动机会网络以及移动感知的移动机会网络的典型应用场景，而基于社会性的移动机会网络场景主要与普通用户相关，主要包括：

(1) 高效的数据路由和数据转发 [1-5]。具有较高活跃度的用户往往移动性更强，与普通用户相比，他们在短时间内会遇到更多的人，因此比较适合作为中继转发节点。一个典型的社会性感知的移动机会网络应用场景是基于移动机会网络的资源分享，如校园环境中的随时随地学习、地铁等交通枢纽和站台的通知广播、信息查询。具体来讲，一个位于地铁站台附近的无线接入站点存储有地铁各个线路的具体信息，广大普通用户在该站台附近时，即可查询该信息，而收到这些信息的普通用户又可以作为中继站点为其他用户提供信息查询服务，这些信息交互都是通过设备–设备的短距离无线传输技术实现的。

(2) 高效的数据扩散和数据分发 [6-13]。例如，一家商店将商品电子优惠券或广告信息通过移动机会网络尽可能扩散至对该商品感兴趣的潜在消费者，但由于电子优惠券数量有限，需要选择那些具有较大社会影响力的潜在消费者是值得研究的问题，这实际上是基于移动机会网络的影响力最大化问题，即选择哪些种子节点，使得在给定约束条件下，相应信息的扩散范围最广或期望收益最大。在通信基础设施缺失的场景中，如果因地震导致通信基础设施中断，政府或组织需要将某些紧急通知信息扩散给特定人群，其隐含的一个问题是，选择哪些人群，使得既能快速地将紧急信息通知给需要的用户，同时尽可能减少紧急信息对无关用户的干扰。

6.2   节点的社会性

因为移动机会网络是由节点及节点之间的交互关系构成的图，所以基于图理论研究节点及其联系是研究节点社会性的主要途径。

6.2.1   中心性

1. 度中心性

一个节点 v_i 的度中心性被定义为该节点的度 $d(v_i)$，即与该节点相邻接的边的数目，称为节点 v_i 的绝对度中心度 $C_D(v_i)$，可用公式 (6-1) 表示：

$$C_D(v_i) = d(v_i) = \sum_j x_{ij} \qquad (6\text{-}1)$$

其中，$x_{ij} \in \{0, 1\}$ 表示节点 v_i 与 v_j 是否有边相邻接。

为了衡量不同规模网络中的度中心性，对绝对度中心度的定义进行标准化，$N-1$，可得到节点 v_i 的相对度中心度 $C'_D(v_i)$，用公式 (6-2) 表示：

$$C'_D(v_i) = \frac{d(v_i)}{N-1} \qquad (6\text{-}2)$$

其中，N 是网络中节点的总个数；$d(v_i)$ 是节点 v_i 的度。

为了衡量网络整体的集中程度，定义了群体中心势 C_D，其含义为图中度最大的节点的度与其他节点的中心度的差值总和在最大可能的差值总和中所占的比例，用公式 (6-3) 表示：

$$C_{\mathrm{D}} = \frac{\sum\limits_{i=1}^{N}(C_{\mathrm{D}}(v*) - C_{\mathrm{D}}(v_i))}{(N-1)(N-2)} \qquad (6\text{-}3)$$

其中,$C_{\mathrm{D}}(v_i)$ 是节点 v_i 的绝对度中心度;$C_{\mathrm{D}}(v^*)$ 是网络节点中的绝对度中心度的最大值;N 是网络中节点的总个数。

另一种计算网络的群体中心势的方法是计算节点度数的方差,可用公式 (6-4) 表示:

$$C'_{\mathrm{D}} = \frac{\sum\limits_{i=1}^{N}\left(C_{\mathrm{D}}(v_i) - \bar{C}_{\mathrm{D}}\right)^2}{N} \qquad (6\text{-}4)$$

其中,$\bar{C}_{\mathrm{D}}$ 是网络中所有节点度的平均值。

2. 接近中心性

接近中心性 (也称紧密中心性) 依据网络中各个节点的紧密性或接近程度而度量的中心度,度量方法强调测量某一个节点与所有其他节点的接近程度。如果一个节点能经过较少的跳数到达所有其他节点,则该节点就是一个中心节点。从接近程度看,占据中心位置的节点在与其他节点进行信息交换时具有较高的效率。如果需要选择一个节点向其他节点传输数据的话,则选择具有较高接近中心性的节点将是一个潜在的解决方案。

节点 v_i 的绝对接近中心度 $C_{\mathrm{C}}(v_i)$ 可以用公式 (6-5) 所示:

$$C_{\mathrm{C}}(v_i) = \left(\sum\limits_{j=1}^{N} d(v_i, v_j)\right)^{-1} \qquad (6\text{-}5)$$

其中,$d(v_i, v_j)$ 表示节点 v_i 和 v_j 之间的距离;N 是网络中节点的总个数。

从公式 (6-5) 可以看出,如果一个节点到达所有其他节点的距离越小,则该节点的绝对接近中心度越大。为了衡量不同规模的网络中的接近中心性的不同,对接近中心度的计算公式进行标准化,即乘以任意节点的最大度数 $N-1$,可得到节点 v_i 的相对接近中心度 $C'_{\mathrm{C}}(v_i)$,用公式 (6-6) 表示:

$$C_{\mathrm{C}}'(v_i) = \frac{N-1}{\displaystyle\sum_{j=1}^{N} d(v_i, v_j)} \tag{6-6}$$

3. 中介中心性

中介反映的是网络中的一个节点与所有其他节点之间相间隔的程度，表示该节点在多大程度上是网络中其他节点的 "中介"。中介节点具有 "中间人" 或 "守门人" 的作用，具有沟通桥梁的作用。也可以说，中介中心性 (也称间距中心性) 测量的是一个节点在多大程度上控制其他节点。

节点 v_i 的绝对中介中心度 $C_{\mathrm{B}}(v_i)$ 可以用公式 (6-7) 所示：

$$C_{\mathrm{B}}(v_i) = \sum_{j<k} \frac{g_{jk}(v_i)}{g_{jk}} \tag{6-7}$$

其中，g_{jk} 表示节点 v_j 和 v_k 之间存在的不同的最短路径的条数；$g_{jk}(v_i)$ 表示节点 v_j 和 v_k 之间存在的经过节点 v_i 的不同的最短路径的条数，$j, k \in \{1, \cdots, N\}$。

节点 v_i 的标准化绝对中介中心度，即相对中介中心度 $C_{\mathrm{B}}'(v_i)$ 可以用公式 (6-8) 表示：

$$C_{\mathrm{B}}'(v_i) = \frac{2 \cdot C_{\mathrm{B}}(v_i)}{(N-1)(N-2)} \tag{6-8}$$

6.2.2　群体性

1. 团

图中的团 (clique) 指的是网络的一个子图，该子图中的任意两个节点都相互邻接，即该子图是一个完全子图。一个限制条件是团最少包括 3 个节点，以使得成对的节点不会被称为团。需要指出的是，图的连通分量是指最大的连通子图，而团也是最大的完全子图。前者强调所有的节点之间是相互可达的，而后者则强调所有的节点是相互邻接的。

由于最大完全子图的条件比较严格，研究学者对团的概念进行了扩展，提出了一系列扩展性概念，如 n-团 (n-clique)、n-宗派 (n-clan)、k-丛 (k-plex)、k-核 (k-core) 等。

2. n-团

一个 n-团是图的一个最大的子图,其中任意两个节点间的距离不超过 n,其中,n 是指团中成员之间的最大路径长度。例如,一个 1-团就是一个最大完全子图,其中所有的节点都直接邻接,距离均为 1;一个 2-团是指其成员或者直接邻接,或者可以通过一个共同的邻居节点间接邻接。可以看出,n 值越大,n-团中的成员之间的距离越大,联系越松散。

3. n-宗派

考虑到 n-团中的节点间非直接邻接的节点可能不属于该 n-团的情况,研究学者提出了 n-宗派的概念。一个 n-宗派是一种 n-团,其子图的直径不大于 n。所谓一个图的直径,是指该图中任意两个节点之间的距离的最大值。

4. k-丛

针对 n-团具有脆弱性的特点,研究学者提出了 k-丛的概念。k-丛是指这样一个节点子集,其中的每个节点都与除了 k 个节点之外的其他节点邻接。也就是说,k-丛是一个规模为 n 的最大子图,其中任何相邻节点的度都大于等于 $n-k$。因此,若 $k=1$,则一个 1-丛就是一个 1-团,其中的每个节点都与其他所有的 $n-1$ 个节点邻接。

5. k-核

与 k-丛的定义相反,一个 k-核是指这样一个节点子集,其中的每个节点都至少与 k 个其他节点相邻接。与 k-丛相比,前者规定了每个节点可缺失边的可接受数量,即与剩余的节点相邻接,而后者则规定了每个节点必须存在的与其他节点相邻接的边的数量。换句话说,一个子图 G' 是一个 k-核,如果对于所有的节点 $v \in N'$,则有 $d(v) \geqslant k$ 成立;一个子图 G'' 是一个 k-丛,如果对于所有的节点 $v \in N'$,则有 $d(v) \geqslant n-k$ 成立,其中 $d(v)$ 表示节点 v 的度数。

6.2.3 相似性

通常认为，人们之间共同朋友越多，则相互认识的概率越大。在移动机会网络中，研究学者用相似度来衡量节点间属性 (如朋友、兴趣等) 的重合程度，并以此作为数据传输、路由决策的重要依据。目前，研究学者通过网络结构信息来计算节点间的相似度。比如，两个节点 v_i 和 v_j 的相似度计算公式可以表示为 $S(v_i, v_j) = |N(v_i) \cap N(v_j)|$，或者 $S(v_i, v_j) = |N(v_i) \cap N(v_j)| \ / \ |N(v_i) \cup N(v_j)|$，其中，$N(v_i)$ 和 $N(v_j)$ 分别表示节点 v_i 和 v_j 的邻居节点集合。

6.3 基于社会性的概率数据传输算法详解

6.3.1 研究动机

研究表明，人的社会属性 (如朋友、兴趣、活动范围等) 在一定程度上导致人的行为模式具有某种规律性，这表现在节点的移动模式规律上，如节点与哪些节点相遇、相遇时长、相遇间隔时间等。因此，研究学者研究了节点的移动和相遇规律，并基于节点的移动和相遇规律提出了一系列移动感知的或相遇感知的移动机会网络路由和数据分发算法 [1-5,14-32]，主要包括以下比较经典的路由算法：

从单纯的节点相遇规律出发，Lindgren 等 [1] 提出了概率路由算法，该算法利用节点间的相遇次数计算和评估节点间的相遇概率。当两个节点相遇后，它们的接触概率按照预先定义的公式增加，并随着时间指数衰减，同时考虑了节点相遇的传递性对节点相遇概率的影响，以提高节点相遇概率预测的准确性。该算法简单、高效，并能够应用于规模较小的移动机会网络场景，在网络规模较大时，由于一个节点需要存储其遇到的所有节点，导致空间消耗较大。

结合节点的聚集特性，Zhao 等 [3] 利用节点相遇的历史信息建立社团 (community)。社会学理论认为，属于同一群体的节点间的相遇机会比其他节点要大。如果两个节点在一定时间内的相遇次数超过预先定义的阈值 t，则认为这两个节点属于同一个社团。由此，通过设置若干个阈值 $t_1 > t_2 > \cdots > t_m$，提出了一个具有多级社团结构的移动机会网络路由算法。该路由算法的执行过程可以描述为：当一个节点需要选择数据包的中继节点时，按照从大到小的顺序，依次根据每个阈值 t，检查邻居节点中是否存在与本节点属于同一社团的节点，若存在，则转发；若不存在，则降低阈值，不断重复，直到达到最小阈值或者发现所有的邻居节点都不与本节点处于同一社团。

基于节点兴趣特性，Liu 等 [5] 根据兴趣相近的人更容易相遇的特点，提出了兴趣社团路由算法。该算法分别评估和定义了数据包和节点的兴趣向量，通过比较邻居节点与数据包之间的兴趣度量的相似度，将节点划分为若干兴趣社团，通过比较邻居节点与数据包的目的节点是否属于同一兴趣社团，而采取一定的转发策略。

结合节点的社团和中心性概念，Hui 等 [2] 提出了冒泡路由算法。该算法基于节点间的相遇持续时间作为节点社区的划分标准，在同一社区内，数据包逐步向本社区中心度高的节点转发，在跨社区转发中，通过度量和比较节点间的全局中介中心度，实现数据包的跨社区转发，最终达到目的节点所在区域。

综上所述，研究学者通过定义和度量节点间的社会属性，建立节点的社团关系，评估节点中心度，并据此进行移动机会网络数据转发决策。但是，上述算法主要适合于中小规模的移动机会网络场景，其主要原因在于节点需要维护自身与所有遇到的其他节点的历史相遇信息及所属社团。事实上，移动机会网络节点的计算、存储和网络带宽资源均严重受限，在较大网络规模环境下无法存储整个网络的拓扑结构信息。因此，如何充分利用节点有限的缓存资源，并结合节点的社会属性，研究并提出基于社会关系的移动机会网络路由是急需解决的问题。

针对节点缓存资源受限的特点，提出了一种基于社会性的概率数据传输 (social-based probability data forwarding, SBPDF) 算法。该算法通过允许节点只缓存局部的相遇等历史信息，可高效地实现跨区域的数据转发。

6.3.2 网络模型

一个移动机会网络模型可以用一个有向图 $G = (V, L, W)$ 表示，其中，属于集合 V 的一定数量的节点在各个区域内移动，L 表示区域构成集合，W 表示节点之间以及节点与区域之间相遇频率的度量值集合。假设每个节点都随时了解自身所在区域。表 6-1 列出了本节所使用的常用符号。

表 6-1　所使用的常用符号

符号	含义
m	一个数据包
v	一个节点
l	一个物理区域
s	产生数据包的源节点
S	产生数据包的源节点所属于的区域
d	数据包的目的节点
D	数据包的目的节点所属于的区域
$\lambda_{i,j}$	节点 i 和节点 j 相遇时间间隔所服从分布的参数
$\lambda_{v,l}$	节点 v 访问物理区域 l 的间隔时间所服从分布的参数
Top_$k_{l,l'}$	跨区域 l 和 l' 的候选中继节点集合
h	一个数据包初始产生时的副本数

假设任意两对节点 i 和 j 之间的相遇时间间隔是服从参数 $\lambda_{i,j}$ 的独立的指数随机变量,这也恰好是这两个节点的权重 w_{ij}。该值 w_{ij} 越大,这两个节点相遇越频繁,相遇间隔时间越短。需要指出的是,相遇时间间隔具有独立的指数随机分布的假设已被众多真实数据集所验证 [6],并被广泛应用于当前研究中 [4,33-35]。基于上述假设可以得出,一个节点 i 与其他任意节点集合 $Z \subseteq V$ 的相遇时间间隔也服从指数分布,其参数为 $\lambda_{i,Z} = \sum_{j \in Z} \lambda_{i,j}$。如果将两个节点的一次相遇称为一次事件发生,那么与节点 i 相关的相遇事件的到来是一个随机过程,且恰好是泊松过程,其事件的到达速度为 $\lambda_{i,Z}$ [25]。

研究表明,具有相同兴趣的用户往往更频繁地访问相同物理区域。下面介绍同一物理区域的用户组成的群组。

定义 6-1　群组:一个群组 V_l 由一组节点组成,这些节点频繁地访问群组 V_l 所对应的物理区域,即

$$V_l = \{v | \lambda_{v,l} \geqslant \delta, v \in V\} \tag{6-9}$$

其中，$\lambda_{v,l}$ 是节点 v 访问区域 l 的时间间隔所对应指数分布的参数；δ 是一个给定的阈值。

从上述定义可以看出，一个节点可能同时属于多个群组，意味着该节点频繁地访问很多物理区域。将同时属于多个群组的节点称为桥节点 (bridge node)，这些节点将在跨区域数据传输中发挥重要作用。为了度量一个节点在某个区域跨多个区域的活跃程度，下面基于社会网络分析理论的中心度概念，并分别定义区域内加权中心度和区域间中介中心度的概念。

定义 6-2　区域内加权中心度：一个节点 i 在一个群组 V_l 的区域内加权中心度，被定义为该节点 i 与该群组中的其他所有节点相遇速率的总和，即

$$\text{WCD}(i_l) = \sum_{j \in V_l, j \neq i} \lambda_{i,j} \tag{6-10}$$

在一个群组中具有较大 WCD 值的节点比该群组中的其他节点更为活跃，其表现在与该群组中的节点相遇更频繁。

定义 6-3　区域间中介中心度：一个群组 V_l 内的节点 i 作为跨两个群组 V_l 和 $V_{l'}$ 的桥节点的区域间中介中心度，被定义为该节点 i 与群组 $V_{l'}$ 中的其他所有节点相遇速率的总和，即

$$\text{BCD}(i_{l,l'}) = \sum_{j \in V_l, j \neq i} \lambda_{i,j} \tag{6-11}$$

显然，属于群组 V_l 中的节点 v，如果其 $\lambda_{v,l'}$ 值越大，则该节点 v 作为连接两个区域 V_l 和 $V_{l'}$ 的桥节点的作用越大，即节点 v 往返这两个区域的频率越大。因此，当节点进行数据路由和转发决策时，将根据数据包的目的节点所在区域，尽量选择属于目的节点所在区域的节点或者能够连接目的节点所在区域的桥节点作为中继转发节点。在这里，假设每个携带数据包的节点都能够了解数据包的目的节点所经常访问的区域。为了避免选择的盲目性和节省数据所占用的空间，只考虑部分跨区域的桥节点作为数据包的中继转发节点。

定义 6-4　连接两个群组 V_l 和 $V_{l'}$ 的 Top_k 节点：如果该节点属于群组 V_l，并且该节点的 $\text{BCD}(i_{l,l'})$ 值是所有 $\text{BCD}(i'_{l,l'})$ 值中的最大的前 k 个，其中 $i' \in V_l$，

则连接两个群组 V_l 和 $V_{l'}$ 的桥节点 i 是一个 Top_$k_{l,l'}$ 节点。

显然，对于任意一对区域 l 和 l'，连接对应的两个群组 V_l 和 $V_{l'}$ 的 Top_k 节点将被作为跨区域传输数据的候选中继节点。

6.3.3　算法基本框架

本节主要介绍 SBPDF 算法的基本思想和实现框架。为了实施路由决策，每个节点需要了解所有的区域信息，同时记录一些元数据。首先，任意节点 i 记录其所属的区域，以及与该区域内其他节点 j 的相遇速率 $\lambda_{i,j}$，即两个节点 i 和 j 的相遇间隔时间所属的指数分布的参数。其次，依据上述信息，节点 i 能够计算区域内加权中心度，如果一个节点同时属于多个区域，此时需要计算其在各个区域内的加权中心度。最后，任意节点 i 能够近似估计自身到其他区域的速率，即 $\lambda_{i,l}$。此外，为了限制网络中数据包的副本数，每个新产生的数据包的最大副本数设置为固定值 h。

所提出的 SBPDF 路由算法包括两个阶段：初始化阶段和转发数据阶段。初始化阶段的主要任务是为每一对区域 l 和 l' 确定相应的 Top_$k_{l,l'}$ 候选中继节点集合。

为了实现上述目标，在初始化阶段，相遇的节点相互交换它们所记录的元数据，通过这些元数据，一个节点按区域间中介中心度值从大到小的顺序对跨区域的桥节点进行排序，并确定 Top_$k_{l,l'}$ 候选中继节点集合。将两个区域 l 和 l' 所对应的 Top_$k_{l,l'}$ 候选中继节点集合当作一个虚拟节点，在这种情况下，数据包的转发过程可以看作虚拟节点构成的虚拟传输路径，通过这些虚拟节点，实现了数据包的跨区域传输。

图 6-1 显示了 Top_$k_{l,l'}$ 候选中继节点集合虚拟化的过程。

从图 6-1 中可以看出，通过桥节点实现了区域 l 和 l' 之间的数据传输，而这两个区域构成的虚拟链路的间隔时间也服从指数分布，其参数为 $\lambda_{l,l'}$，并且满足如下公式：

$$\lambda_{l,l'} = \lambda_{\text{Top\_}k_{l,l'}} = \sum_{w \in \text{Top\_}k_{l,l'}} \lambda_{v,l'} \tag{6-12}$$

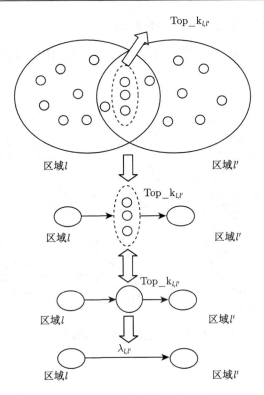

图 6-1 Top_$k_{l,l'}$ 候选中继节点集合虚拟化过程

一个区域 l 中的每一个节点基于 Top_$k_{l,l}$ 需要构建该节点到其他所有区域的 Top_$k_{l,l'}$ 候选中继节点集合,因此,从区域的角度看,移动机会网络可以用图 6-2 所示的简化模型描述。

在图 6-2 中,如果产生数据包 m 的源节点 s 需要将该数据包传输到 m 的目的节点 d,那么源节点 s 根据其所属的区域,首先将数据包转发到该区域 S 的具有较高中心度的节点,再由这些节点转发数据包到 Top_$k_{l,l'}$ 候选中继节点集合,从而实现了跨区域的数据传输和转发。而这恰好是数据转发节点的主要任务,具体来说,节点转发数据的过程包括以下三个子阶段:

(1) 数据包 m 在源节点所在区域 S 内扩散。源节点 s 将数据包 m 在本区域 S 内扩散至 Top_$k_{S,D}$ 后续中继节点集合。

(2) 数据包 m 跨区域扩散至区域 D。上述携带数据包 m 的 Top_$k_{S,D}$ 后续中继节点将数据包扩散至属于区域 D 内的节点。

(3) 数据包 m 在区域 D 扩散至目的节点 d。区域 D 内的节点相互协作将数据包 m 扩散至目的节点。

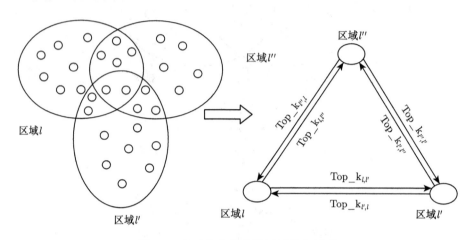

图 6-2　移动机会网络跨区域简化模型

6.3.4　算法设计

1. 数据包在源节点所在区域内扩散

假设一个数据包的源区域与其目的区域不同。首先,产生数据包 m 的源节点 s 创建从源区域 S 到目的区域 D 的虚拟连接,该虚拟连接通过 Top_$k_{S,D}$ 候选中继节点集合实现。为了控制副本规模和减少网络能耗,所提出的 SBPDF 算法基于多副本的路由算法,并规定网络中每个数据包的副本数不超过 h 个。源节点 s 将确定 Top_$k_{S,D}$ 候选中继节点集合中的每个节点 v 所能携带的数据包 m 的最大副本数,用 H_v 表示,由公式 (6-13) 确定:

$$H_v = \frac{\lambda_{v,D}}{\sum\limits_{w \in \text{Top\_}k_{S,D}} \lambda_{w,D}} \cdot h \tag{6-13}$$

如果源节点 s 与 Top_$k_{S,D}$ 候选中继节点集合中的节点 v 相遇,源节点 s 将传送给节点 v 的数据包 m 的个数为 H_v。由公式 (6-13) 可以看出,源节点与后续中继节点的权重越大, 该后继节点所能携带的数据包的副本数越多。携带数据包 m 的至少一个副本的候选中继节点将作为跨区域 S 和 D 的桥节点, 并负责将数据包 m 传输到目的区域 D。

需要指出的是, 为了减少数据投递延迟, 通过选择一个 $\text{Top\_k}_{S,D}$ 候选中继节点集合而不是单个候选中继节点来独立并行实现数据的跨区域传输。由于任意两个节点的相遇时间间隔服从指数分布, 源节点与 $\text{Top\_k}_{S,D}$ 候选中继节点集合中任意一个节点相遇的时间间隔也服从指数分布, 其均值为 $1/\lambda_{v,B}$, 其中,

$$\lambda_{v,B} = \sum_{j \in B} \lambda_{v,j} \tag{6-14}$$

本阶段的算法流程由表 6-2 列出, 其中, Num 表示节点 i 所携带数据包 m 的副本数, B 表示数据包 m 的 $\text{Top\_k}_{S,D}$ 候选中继节点集合, ε 表示判断节点间相遇频率是否大于预先定义的阈值。该算法的主要目的是将数据包 m 的 h 个副本尽可能快速地传输到 $\text{Top\_k}_{S,D}$ 候选中继节点集合。如果源节点在一次相遇中遇到了数据包 m 的目的节点, 那么将直接将数据包转发给目的节点; 如果携带数据包 m 的节点遇到了 $\text{Top\_k}_{S,D}$ 候选中继节点集合中的节点, 则数据包的一个副本将会被转发到 $\text{Top\_k}_{S,D}$ 候选中继节点; 如果邻居节点中存在能够比节点 i 更频繁地遇到 $\text{Top\_k}_{S,D}$ 候选中继节点集合的节点 (不妨设为 j), 则节点 i 将基于公式 (6-13) 计算节点 j 的副本数, 并将数据包转发至节点 j; 如果节点 i 还携带数据包 m 的副本, 则将选择的邻居节点中区域内加权中心度最大的节点 (不妨设为 v), 节点 i 将剩余的所有副本都转发给节点 v。因此, 基于这种转发策略, 一个数据包的副本将快速地以多跳转发的方式传输到 $\text{Top\_k}_{S,D}$ 候选中继节点集合。

表 6-2 数据包在源区域扩散算法流程

算法流程
输入: 携带数据包 m 的节点 i, 节点 i 携带数据包 m 的副本数Num, 数据包 m 的 $\text{Top\_k}_{S,D}$ 候选中继节点集合 B, 节点 i 的邻居节点集合 N, 阈值 ε
1. if 数据包 m 的目的节点属于集合 N then
2.   节点 i 转发数据包 m 到其目的节点

算法流程

3. **else**

4.　　　**for each** 集合 N 中的节点 j**do**

5.　　　　**if** $j \in$ B 且 j 未接收过 m 且Num>0 **then**

6.　　　　　节点 i 转发数据包 m 的一个副本给节点 j

7.　　　　　Num $=$ Num-1

8.　　　　**end if**

9.　　　**end for**

10.　　**if** Num>0 **then**

11.　　　　**for all** $j \in B$，节点 i 计算 $\lambda_{j,B}$

12.　　　　**if** Num $= 1$ **then**

13.　　　　　节点 i 确定具有最大值 $\lambda_{j,B}$ 的邻居节点 v

14.　　　　　**if** $\lambda_{v,B} > \lambda_{i,B}$ **then**

15.　　　　　　节点 i 转发数据包 m 给邻居节点 v，然后删除自身携带的数据包 m

16.　　　　　**else**

17.　　　　　　节点 i 仍然携带数据包 m

18.　　　　　**end if**

19.　　　　**else** //Num>1

20.　　　　　**for each** $j \in N - B$ **do**

21.　　　　　　**if** $\lambda_{j,B} \geqslant \varepsilon$ **then**

22.　　　　　　　基于公式 (6-13)，节点 i 计算需要给节点 j 转发的副本数 H_j

23.　　　　　　　节点转发数据包 m 的 H_j 副本给节点 j

24.　　　　　　　Num $=$ Num$-H_j$

25.　　　　　　**end if**

26.　　　　　**end for**

27.　　　　　**for each** $j \in N - B$ 且 $\lambda_{j,B} < \varepsilon$ **do**

28.　　　　　　基于公式 (6-10)，节点 i 确定具有最大区域内加权中心度的节点，设为 v

29.　　　　　　节点 i 将数据包 m 的所有剩余副本数都转给节点 v

30.　　　　　　Num $= 0$

31.　　　　　**end for**

32.　　　　**end if**

33. **end if**

2. 数据包扩散到目的区域

Top_$k_{S,D}$ 候选中继节点作为数据包跨区域传输的桥梁节点，实现数据包跨区域传输。假设一个数据的 Top_$k_{S,D}$ 候选中继节点集合用 B 表示。一旦集合 B 中的节点收到数据包 m，它将尽快转发数据包 m 到其目的区域。为了 SBPDF 算法的高效性，采用简单的转发策略：一旦遇到数据包所属目的区域的节点，候选中继节点集合 B 中的节点将数据包 m 转发给相遇的目的区域节点。为了后续第三阶段的数据扩散的高效性，基于多副本路由和公式 (6-13) 确定数据包 m 的副本数。本阶段所涉及算法流程如表 6-3 所示。

表 6-3 数据包跨区域扩散算法流程

算法流程
输入：携带数据包的节点 v，v 属于数据包 m 的 Top_$k_{S,D}$ 候选中继 节点集合。节点 v 的邻居节点集合 N
1. **if** 数据包 m 的目的节点属于集合 N **then**
2.   节点 v 转发数据包 m 到其目的节点
3. **else**
4.   **for each** 集合 N 中的节点 j **do**
5.   基于公式 (6-13) 确定数据包 m 的副本数 H_v
5. $\lambda_{\max} = 0$
6.   **if** $j \in V_D$ 且 $\lambda_{\max} < \lambda_{j,d}$ **then**
6. $\lambda_{\max} = \lambda_{j,d}$，并令 $v' = j$ //v' 保持与目的节点相遇最频繁的邻居节点
7.   **end if**
8.   **end for**
9.   **if** $\lambda_{\max} \neq 0$ **then**
10.   节点 v 将数据包的 H_v 个副本均转给节点 v'
11.   节点 v 将删除数据包 m
12.   **end if**
13. **end if**

由表 6-3 可以看出，Top_$k_{S,D}$ 候选中继节点的主要功能就是携带数据包 m，当遇到数据包 m 的目的区域 D 的节点时，确定该数据包的副本数，并将数据包转发

给目的区域的节点。需要指出的是，$\text{Top\_k}_{S,D}$ 候选中继节点一般不会同时遇到多个目的区域的节点，毕竟它是跨区域的桥节点。如果 $\text{Top\_k}_{S,D}$ 候选中继节点遇到了多个属于目的区域的节点，它将确定与目的节点相遇最频繁的邻居节点，并转发数据包。

3. 数据包在目的区域扩散至目的节点

本阶段的主要任务是携带数据包 m 的属于目的区域 D 的节点高效地将数据包转发至其目的节点。数据包在目的区域扩散的流程如表 6-4 所示。

表 6-4　数据包在目的区域内的扩散流程

扩散流程
输入：携带数据包的节点 i，节点 i 属于数据包 m 的目标区域，节点 v 所携带数据包 m 的副本数用 Num 表示，节点 i 的邻居节点集合 N，数据包 m 的目的节点设为 d
1. **if** 数据包 m 的目的节点 d 属于集合 N **then**
2.　　节点 i 转发数据包 m 到其目的节点 d
3. **else**
4.　　**if** $Num = 1$ **then**
5.　　　$\lambda_{\max} = 0$
6.　　　**for each** $j \in N$ **do**
7.　　　　**if** $\lambda_{\max} < \lambda_{j,d}$ **then**
8.　　　　　$\lambda_{\max} = \lambda_{j,d}$，并令 $v'=j$　//v' 保持与目的节点相遇最频繁的邻居节点
9.　　　　**end if**
10.　　　**end for**
9.　　　**if** $\lambda_{\max} > \lambda_{i,d}$ **then**
10.　　　节点 i 将数据包转给节点 v'
11.　　　节点 i 将删除数据包 m
12.　　　**end if**
13.　　**else** //节点 i 携带数据包的副本数多于 1 个
14.　　　**for each** $j \in N$ **do**
15.　　　　**if** 节点 j 记录了与节点 d 的相遇频率，设为 $\lambda_{j,d}$ **then**
16.　　　　节点 i 确定给节点 j 转发数据包的副本数，为 $Num \cdot \lambda_{j,d}/(\lambda_{j,d} + \lambda_{i,d})$
17.　　　　节点 i 按上述计算的副本数转发数据包

续表
扩散流程
18. $\quad$ Num=Num $-$Num $\cdot \lambda_{j,d}/(\lambda_{j,d} + \lambda_{i,d})$
19. $\quad\quad$ end if
20. $\quad\quad$ end for
21. $\quad$ end if
22. end if

由表 6-4 可以看出，携带数据包节点将尝试将数据包转发给与目的节点相遇更频繁的节点，转发的副本数是由它们两个节点与目的节点相遇的频率值确定的，相遇频率值大的节点所分配的数据包副本数较多。

6.3.5 算法实验分析

1. 仿真实验设置

采用移动机会网络的 ONE 仿真平台[36,37]对所提出的 SBPDF 算法进行仿真和性能评估，进行对比的路由协议为基于传染病路由算法[38]、概率路由算法[1]、扩散等待路由算法[39]。在传染病路由算法中，一个携带数据包的节点不断向其邻居节点广播数据包。最终，在网络带宽和节点缓存无限的理想环境下，网络中的每个节点都将获得数据包的一个副本。在概率路由算法中，每个节点维护着该节点到达任意节点的相遇频率。相遇频率值越大，表明该节点未来越有可能与目的节点相遇。当进行路由决策时，携带数据包的节点将数据包转发给具有最大相遇频率值的节点。在扩散等待路由算法中，数据包的转发过程分为两个阶段：在扩散阶段，携带数据包的节点将其数据包副本数的一半转给相遇的邻居节点，直到自身只携带数据包的一个副本为止；在等待阶段，携带数据包的节点一直缓存该数据包，直到遇到目的节点，此时，将数据包转发给目的节点。

基于前面所述的区域结构特征和节点相遇特性的分析，提出两个规则，并基于所提出的规则建立一个移动机会网络场景，然后在所建立的网络场景中进行各个路由算法效率的对比试验。在所提出了两个规则中，规则 1 主要描述在一个区域内部节点相遇参数的设置，规则 2 主要描述跨区域的节点相遇参数的设置。

规则 1：对任意一个区域，该区域内节点的区域内加权中心度分为 5 个等级。35% 的节点的区域内加权中心度属于第 1 个等级，其中的每个节点与本区域内 5% 的其他节点相遇；25% 的节点的区域内加权中心度属于第 2 个等级，其中的每个节点与本区域内 10% 的其他节点相遇；20% 的节点的区域内加权中心度属于第 3 个等级，其中的每个节点与本区域内 15% 的其他节点相遇；15% 节点的区域内加权中心度属于第 4 个等级，其中的每个节点与本区域内 20% 的其他节点相遇；5% 节点的区域内加权中心度属于第 5 个等级，其中的每个节点与本区域内 25% 的其他节点相遇。

从规则 1 可以看出，大多数节点属于不活跃节点，与其他节点相遇较少；而少数节点非常活跃，具有较高的区域内加权中心度，频繁地与区域内的节点相遇。因为 $\lambda_{i,j}$ 表示节点 i 和节点 j 的相遇时间间隔的指数分布的参数，所以这两个节点的相遇时间间隔的期望为 $1/\lambda_{i,j}$，该值在实验中的取值范围为 3000~4000s，按均匀分布从中取值。

假设移动机会网络中不存在孤立区域，该区域内的所有节点只在该区域活动。如果区域内的一个节点具有较大的区域内加权中心度，那么它通常在本区域内频繁活动，而很少跨区域活动。

规则 2：对于任意的一对区域 (如区域 l 和区域 l')，每个区域从其第 3 等级的用户中选择 10% 的节点，让它们跨这两个区域活动。具体来说，两个被选择的节点 $i \in l$ 和 $j \in l'$ 相遇的间隔时间期望为 $1/\lambda_{ij}$，该值是从 (4000, 5000) 中均匀选取的随机数。

基于上述规则，可以生成所期望的节点相遇数据集。仿真实验所涉及的其他参数如表 6-5 所示。

表 6-5　仿真实验参数列表

参数名称	参数值
仿真区域	1500m×1500m
仿真时长	432000s
数据包 TTL	35000s

续表

参数名称	参数值
数据包大小	200~300KB
数据传输速度	1MB/s
数据传输半径	10m
节点缓存大小	60MB
数据包产生时间	[5000,40000]s
网络预热时长	5000s
数据包产生时间间隔	[20, 30]s
SBPDF 算法初始副本数	6
扩散和等待初始副本数	6
扩散和等待采用 2 分转发模式	是

为验证所提出的算法在机会网络环境下的性能，需要分析 3 个基本的路由性能指标，分别为：消息投递成功率、平均投递延迟和网络负载率。下面介绍其具体定义。

(1) 消息投递成功率。消息投递成功率是指目的节点成功收到数据包的个数 N_d 和仿真时间内网络中所有产生数据包总数 N_g 的比值 N_d/N_g，是衡量路由算法性能的一个重要指标。在相同的时间，网络中产生了相同数量数据包，成功接收的数据包数量越多，说明路由算法的投递性能越好。特别是在采用多副本路由策略下，往往取得高消息投递成功率的同时，伴随着高的数据包转发代价，也就是网络负载率。

(2) 平均投递延迟。平均投递延迟是指所有成功投递到目的节点的数据包从产生到成功投递到目的节点的过程中所花费时间的平均值。移动机会网络中数据包的投递延迟主要包括发送延迟、传输延迟、处理延迟、等待延迟以及缓存延迟，其中最主要关注的是缓存引起的延迟。平均投递延迟一般是和网络负载率相关，延迟越小，网络负载率就越高；反之，延迟越大，网络负载率就越低。

(3) 网络负载率。网络负载率是指在数据包投递的过程中，网络中所有节点转发数据包的总数 N_r 和投递成功数据包总数 N_d 的比值 N_r/N_d，也就是为了成功投递每个数据包网络中所有节点需要转发的次数。在多副本的路由策略下，网络负载通常是大于 1 的，网络负载率越高，说明转发成功每个数据包需要耗费的系统资源越多，其实用性就越差。

2. 实验结果分析

为了充分对比不同的参数下的各个移动机会路由算法的性能，将仿真实验分为两类：一类是分析数据包大小对算法性能的影响，另一类是比较节点缓存大小对算法性能的影响。

1) 数据包大小对算法性能的影响

在本组实验中，数据包的大小以 50KB 的步长从 100KB 逐步增长到 1000KB。从区域个数逐步增加的角度，对比在不同的网络规模下消息投递成功率的变化情况。首先，针对只包括两个区域的网络规模，图 6-3 和图 6-4 分别显示了每个区域包括 100 个和 200 个节点时消息投递成功率的对比结果；图 6-5 显示了两个区域，每个区域 200 个节点时网络负载率的变化情况；针对只包括三个区域的网络规模，图 6-6~图 6-9 分别显示了每个区域包括 100、180、220 和 260 个节点时消息投递成功率的对比结果；针对四个区域的规模，图 6-10 和图 6-11 分别显示了每个区域包括 100 和 200 个节点时消息投递成功率的对比结果。

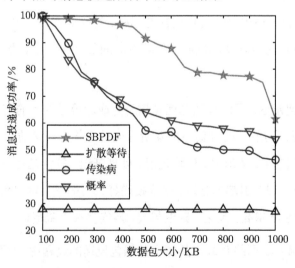

图 6-3　各路由算法消息投递成功率比较 ($|L|$=2, $|N|$=200)

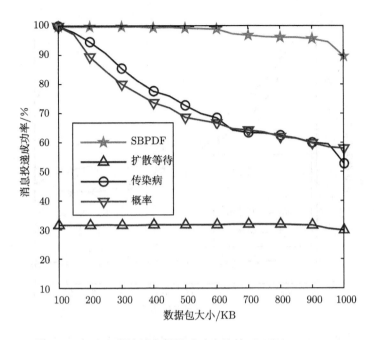

图 6-4 各路由算法消息投递成功率比较 (|L|=2, |N|=400)

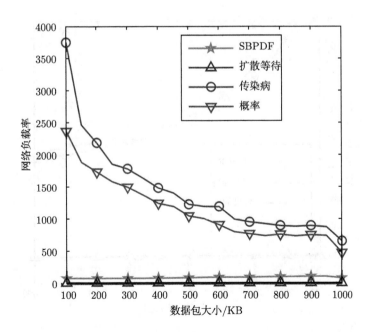

图 6-5 各路由算法的网络负载率比较 (|L|=2, |N|=400)

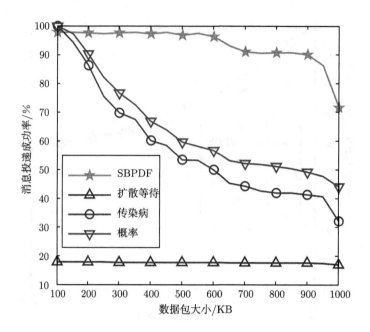

图 6-6　各路由算法消息投递成功率比较 ($|L|=3$, $|N|=300$)

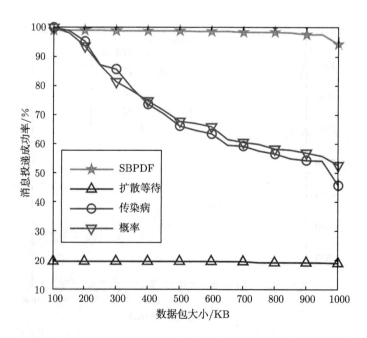

图 6-7　各路由算法消息投递成功率比较 ($|L|=3$, $|N|=540$)

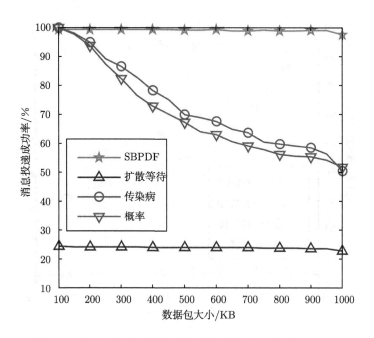

图 6-8　各路由算法消息投递成功率比较 ($|L|=3$, $|N|=660$)

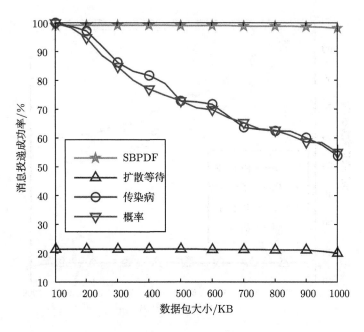

图 6-9　各路由算法消息投递成功率比较 ($|L|=3$, $|N|=780$)

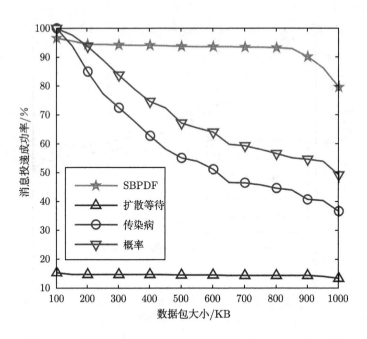

图 6-10　各路由算法消息投递成功率比较 ($|L|$=4, $|N|$=400)

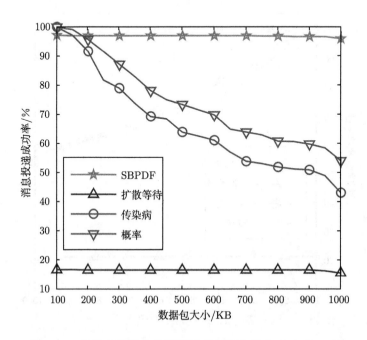

图 6-11　各路由算法消息投递成功率比较 ($|L|$=4, $|N|$=800)

根据上述数据包大小对各路由算法的性能比较实验结果,可以清晰地发现随着数据包大小的增长,各个路由算法的消息投递成功率逐渐下降。这主要有两个原因:一个是节点有限的缓存空间所存储的数据包的副本个数随着数据包变大而减少;另一个是数据包在两个相邻节点的传输时间随着数据包增大而延长,进而减少了单位时间内成功传输数据包的个数,降低了消息投递成功率。此外,由于节点的随机移动,大数据包的传输更耗时并且容易因节点移开而中断。

从图 6-5 可以看出,各个路由算法的网络负载率随着数据包大小的增长逐渐下降。其原因在于,由于节点相遇时间的随机性和有限性,在单位时间内传输较大数据包的成功率要小于传输较小数据包的成功率。随着数据包的增大,数据包被成功传输的个数会减少,因而降低了网络负载率,但这并没有带来消息投递成功率的提升。同时,可以发现,所提出的 SBPDF 算法和扩散等待路由算法保持了较低的网络负载率。其主要原因在于,这两个算法对数据包的副本数进行了严格控制。

结合上述消息投递成功率和网络负载率的对比结果,可以发现,提出的 SBPDF 算法在保持较低的网络负载率前提下实现了较高的数据投递成功率。其原因在于,SBPDF 算法不仅有效控制了每个数据包在网络中的副本数,同时在数据传输过程中有效结合了节点的诸多社会属性,如节点的活跃度、节点移动倾向和节点跨区域移动性等。因此,数据包的无效的副本数目被限制转发,其中,无效的数据包副本主要指携带数据包的节点与目的节点或到达目的区域的可能性较低的数据包。

2) 节点缓存大小对算法性能的影响

在本组实验中,节点缓存的大小按照增长顺序依次被设置为 1, 2, 3, 4, 5, 10, 20, 30, 40, 50, 60, 70, 80, 90,100(单位: MB)。对于不同的节点缓存大小,进行各个算法的消息投递成功率和网络负载率对比试验。与上组实验类似,首先,针对只包括两个区域的网络规模,图 6-12 和图 6-13 分别显示了每个区域包括 100 个和 200 个节点时消息投递成功率的对比结果;图 6-14 显示了两个区域且每个区域200 个节点时网络负载率的变化情况;针对只包括三个区域的网络规模,图 6-15～

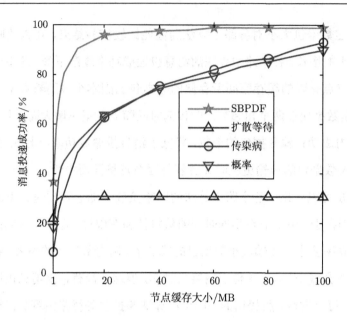

图 6-12 各路由算法的消息投递成功率比较 ($|L|=2$, $|N|=200$)

图 6-18 分别显示了每个区域包括 100 个、180 个、220 个和 260 个节点时消息投递成功率的对比结果；针对四个区域的规模，图 6-19 和图 6-20 分别显示了每个区域包括 100 和 200 个节点时消息投递成功率的对比结果。

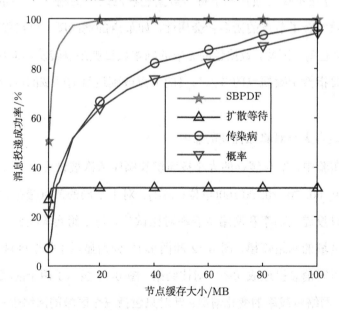

图 6-13 各路由算法的消息投递成功率比较 ($|L|=2$, $|N|=400$)

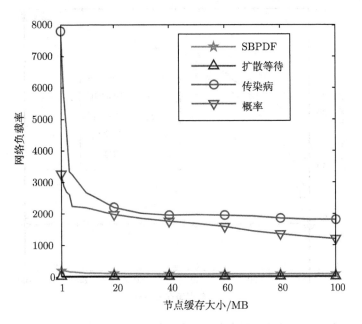

图 6-14 各路由算法的网络负载率比较 ($|L|=2, |N|=400$)

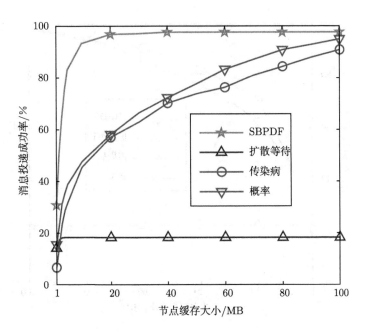

图 6-15 各路由算法消息投递成功率比较 ($|L|=3, |N|=300$)

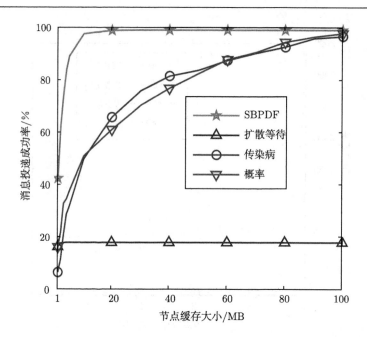

图 6-16   各路由算法消息投递成功率比较 ($|L|$=3, $|N|$=540)

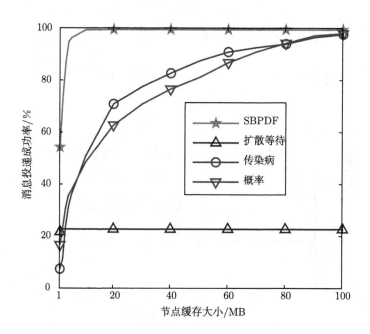

图 6-17   各路由算法消息投递成功率比较 ($|L|$=3, $|N|$=660)

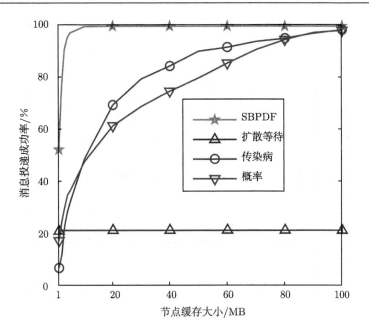

图 6-18　各路由算法消息投递成功率比较 ($|L|=3$, $|N|=780$)

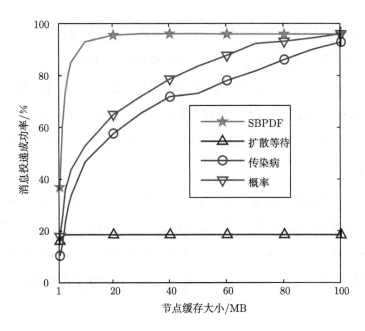

图 6-19　各路由算法消息投递成功率比较 ($|L|=4$, $|N|=400$)

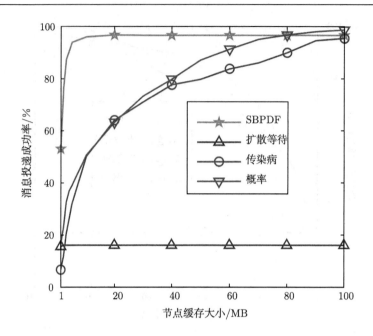

图 6-20   各路由算法消息投递成功率比较 ($|L|$=4, $|N|$=800)

　　观察上述实验结果，可以清晰地发现，各个路由算法的消息投递成功率随着节点缓存的增加而逐步提高并趋于稳定，其中所提出的 SBPDF 算法的消息投递成功率增长速度最快，且保持了最高的消息投递成功率。节点缓存的增长可以使得节点容纳更多的数据包，而较小的节点缓存空间不仅限制了数据包的副本数目，而且更易导致节点可用缓存不足进而引发丢弃数据包的现象，这在一定程度上降低了消息投递成功率。

　　从网络负载率的对比试验可以看出，各个路由算法随着节点缓存的增长，其网络负载率急剧下降并逐渐稳定在一定范围，其中，SBPDF 算法与扩散等待路由算法的网络负载率保持的最低，几乎不受节点缓存的影响，主要原因是这两个算法对每个数据包的副本数进行了严格的限制，均被控制在某个预先给定的正整数之内。

　　与第一组实验结果类似，所提出的 SBPDF 算法在保持较低网络负载率的同时，实现了较高的消息投递成功率。这一方面归功于严格的副本数目控制，更重要的是充分考虑了数据包转发时各个候选节点的社会性和移动性，包括区域内节点活跃度、节点相遇频率以及跨区域的节点相遇频率。

从以上两组试验可以得出一些结论。虽然传染病路由算法在理想情况下可以达到最优消息投递成功率，但在具有各种限制的实际环境中，其消息投递成功率显著降低。由于没有考虑节点的社会性和相遇的规律性等，扩散等待路由算法的数据扩散和等待转发两个阶段均具有一定的盲目性，限制了消息投递成功率。该算法借鉴了扩散等待路由算法的副本控制思想，实现了对数据包副本数目的严格控制，同时考虑了节点的社会性、活跃度和跨区域移动性等，在进行数据转发时能够以一定的代价选择更优的数据包候选中继节点，从而达到了较高的消息投递成功率，并保持了较低的网络负载率。

6.4 结论及进一步的工作

本章针对现有基于社会性的移动机会网络路由算法存在的节点缓存占用率高、不适合大规模网络的缺点，考虑节点移动的跨区域性，分别定义节点的区域内加权中心度和区域间中介中心度的概念，提出基于社会性的概率数据传输算法。该算法允许一个节点只记录本区域内的节点相遇历史信息和部分与其他区域的桥接节点的相遇信息，有效减少了节点缓存占用。仿真实验结果表明，与经典的移动机会网络路由算法相比，本章所提路由算法提高了消息投递成功率，降低了网络负载率。未来进一步的研究工作主要在于大规模网络环境下的高效数据分发、考虑节点自私性的激励机制以及具备用户隐私保护功能的高效数据路由和数据传输算法研究。

参 考 文 献

[1] Lindgren A, Doria A, Schel O. Probabilistic routing in intermittently connected networks[J]. Mobile Computing and Communications Review, 2003, 7(3): 19-20.

[2] Hui P, Crowcroft J, Yoneki E. BUBBLE-rap: social-based forwarding in delay-tolerant

networks[J]. IEEE Transactions on Mobile Computing, 2011, 10(11): 1576-1589.

[3]　Zhao L, Li F, Zhang C, et al. Routing with multi-level social groups in mobile oppor-
tunistic networks[C]. IEEE Global Communications Conference, Anaheim, USA, 2012:
5290-5295.

[4]　Wu J, Xiao M, Huang L. Homing spread: community home-based multi-copy routing
in mobile social networks[C]. Proceedings of the IEEE INFOCOM, Turin, Italy, 2013:
2319-2327.

[5]　Liu Q, Hu C, Li Y, et al. An interest community routing scheme for opportunistic
networks[C]. IEEE Global Communications Conference, Atlanta, GA, USA, 2013: 4366-
4371.

[6]　Gao W, Li Q, Zhao B, et al. Multicasting in delay tolerant networks: a social network
perspective[C]. Proceedings of the tenth ACM International Symposium on mobile ad
hoc networking and computing, New Orleans, USA, 2009: 299-308.

[7]　赵广松, 陈鸣. 自私性机会网络中激励感知的内容分发的研究 [J]. 通信学报, 2013, 34(2):
73-84.

[8]　叶晖. 机会网络高效数据分发技术 [M]. 成都: 电子科技大学出版社, 2014.

[9]　孙菲. 机会网络中基于社区的数据分发机制研究 [D]. 南京: 东南大学, 2014.

[10]　潘双. 机会网络中基于节点自主认知的数据分发技术研究 [D]. 长沙: 湖南大学, 2014.

[11]　姚建盛. 自私性机会网络数据分发关键技术研究 [D]. 哈尔滨: 哈尔滨工程大学, 2017.

[12]　程刚. 分层机会网络中数据分发机制关键技术研究 [D]. 北京: 北京邮电大学, 2015.

[13]　刘虎. 基于博弈论的机会网络数据分发机制研究 [D]. 哈尔滨: 哈尔滨工业大学, 2015.

[14]　Hui P, Crowcroft J. How small labels create big improvements[C]. Fifth Annual IEEE
International Conference on Pervasive Computing and Communications Workshops,
White Plains, New York, USA, 2007: 65-70.

[15]　Daly M, Haahr M. Social network analysis for routing in disconnected delay-tolerant
MANETs[C]. Proceedings of the 8th ACM International Symposium on Mobile Ad Hoc
Networking and Computing, Montreal, Quebec, Canada, 2007: 32-40.

[16]　Daly M, Haahr M. Social network analysis for information flow in disconnected delay-
tolerant MANETs[J]. IEEE Transactions on Mobile Computing, 2009, 8(5): 606-621.

[17] Hu T, Hong F, Zhang X, et al. Bi-BUBBLE: social-based forwarding in pocket switched networks[C]. Proceedings of the 2010 Symposia and Workshops on Ubiquitous, Autonomic and Trusted Computing, Washington DC, USA, 2010: 195-199.

[18] Mtibaa A, May M, Diot C, et al. People rank: social opportunistic forwarding[C]. Proceedings of the 29th conference on Information communications, San Diego, USA, 2010: 111-115.

[19] Mtibaa A, Harras A. Social forwarding in large scale networks: insights based on real trace analysis[C]. Proceedings of 20th International Conference on Computer Communications and Networks, Maui, Hawaii, USA, 2011:1-8.

[20] Bulut E, Szymanski K. Exploiting friendship relations for efficient routing in mobile social networks[J]. IEEE Transactions on Parallel and Distributed Systems, 2012, 23(12): 2254-2265.

[21] Chen K, Shen H. SMART: lightweight distributed social map based routing in delay tolerant networks[C]. 20th IEEE International Conference on Network Protocols, Austin, USA, 2012: 1-10.

[22] Orlinski M, Filer N. Quality distributed community formation for data delivery in pocket switched networks[C]. Proceedings of the Fourth Annual Workshop on Simplifying Complex Networks for Practitioners, Lyon, France, 2012: 31-36.

[23] Xiao M, Wu J, Huang L. Community-aware opportunistic routing in mobile social networks[J]. IEEE Transactions Computers, 2014, 63(7): 1682-1695.

[24] Zheng H, Wu J. Up-and-down routing in mobile opportunistic social networks with bloom-filter-based hints[C]. IEEE 22nd International Symposium of Quality of Service, Hong Kong, China, 2014: 1-10.

[25] Picu A, Spyropoulos T. DTN-Meteo: forecasting the performance of DTN protocols under heterogeneous mobility[J]. IEEE/ACM Transactions on Networking, 2015, 23(2): 587-602.

[26] Jang Y, Lee J, Kim K, et al. An adaptive routing algorithm considering position and social similarities in an opportunistic network[J]. Wireless Networks, 2016, 22(5):1537-1551.

[27] Chen X, Shang C, Wong B, et al. Efficient multicast algorithms in opportunistic mobile social networks using community and social features[J]. Computer Networks, 2016, 111: 71-78.

[28] Xia F, Liu L, Jedari B, et al. PIS: a multi-dimensional routing protocol for socially-aware networking[J]. IEEE Transactions on Mobile Computing, 2016, 15(11): 2825-2836.

[29] Gondaliya N, Kathiriya D. Community detection using inter contact time and social characteristics based single copy routing in delay tolerant networks[J]. International Journal of Ad hoc Sensor Ubiquitous Computing, 2016, 7(1): 21-35.

[30] 曹玖新, 陈高君, 杨婧, 等. 基于社会属性的 PSN 消息路由算法 [J]. 通信学报, 2015, 36(5): 13-22.

[31] 郭东岳. 基于区域朋友关系的机会网络路由算法的研究 [D]. 南京: 南京邮电大学, 2017.

[32] 刘志红. 基于社会属性的移动机会网络路由算法的研究 [D]. 重庆: 重庆邮电大学, 2017.

[33] Chang W, Wu J. Progressive or conservative: rationally allocate cooperative work in mobile social networks[J]. IEEE Transactions on Parallel and Distributed Systems, 2015, 26(7): 2020-2035.

[34] HanY, Luo T, Li D, et al. Competition-based participant recruitment for delay-sensitive crowdsourcing applications in D2D networks[J]. IEEE Transactions on Mobile Computing, 2016, 15(12): 2987-2999.

[35] Pu L, Chen X, Xu J, et al. Crowd foraging: a QoS-oriented self-organized mobile crowdsourcing framework over opportunistic networks[J]. IEEE Journal on Selected Areas in Communications, 2017, 35(4): 848-862.

[36] Keränen A, Ott J, Kärkkäinen T. The ONE simulator for DTN protocol evaluation[C]. Proceedings of the 2nd International Conference on Simulation Tools and Techniques for Communications, Networks and System, Rome, Italy, 2009: 55.

[37] Soares J, Farahmand F, Rodrigues C. Impact of vehicle movement models on VDTN routing strategies for rural connectivity[J]. International Journal of Mobile Network Design and Innovation, 2009, 3(2): 103-111.

[38] Vahdat A, Becker D. Epidemic routing for partially-connected ad hoc networks[R]. Tech-

nical Report CS-2000-06, Department of Computer Science, Duke University, Durham, USA, 2000.

[39] Spyropoulos T, Psounis K, Raghavendra S. Spray and wait: an efficient routing scheme for intermittently connected mobile networks[C]. Proceedings of the 2005 ACM SIG-COMM workshop on Delay-tolerant networking, New York, USA, 2005: 252-259.

第 7 章　基于合作博弈的数据路由与基于隐私保护的数据收集算法

安全与隐私保护是移动机会网络广泛应用的基础。安全和隐私保护功能的缺失和不足将抑制人们接受移动机会网络服务的意愿，从而阻碍移动机会网络的发展和普及。研究具有隐私保护功能的移动机会网络安全数据路由、数据传输和数据收集相关算法是解决移动机会网络的安全与隐私保护问题、拓广移动机会网络应用范围的重要途径，受到研究学者的广泛关注。针对安全与隐私保护对移动机会网络数据路由和数据传输的影响，本章分别从移动机会网络安全概述、基于合作博弈的数据路由与基于隐私保护的数据收集算法等几个方面对移动机会网络安全数据传输展开深入研究。

7.1　安 全 概 述

由于移动机会网络呈现出的节点移动频繁、网络基础设施缺乏和数据链路频繁中断等特征，节点进行数据路由和数据传输时需要依据存储–携带–转发的数据传输模式，这使得移动机会网络面临着比传统无线自组织网络更多的安全威胁，主要表现在以下七个方面 [1,2]：

(1) 非授权访问。传统无线自组织网络中存在的对资源的非授权访问在移动机会网络中依然存在。由于移动机会网络中的每个节点都兼具路由功能，一个被恶意控制节点可能产生大量待转发的虚假数据包，并可能修改数据路由路径，这将对网络安全和网络资源消耗产生巨大负面影响。

(2) 数据包篡改攻击。移动机会网络中每个节点都可能对数据包进行转发，因此存在对数据包进行篡改和删除的风险。

(3) 数据包注入攻击。在移动机会网络中,恶意节点可能向网络中注入虚假的数据包,以欺骗其他节点转发数据,或恶意消耗网络资源。

(4) 资源消耗攻击。节点的计算、存储或通信资源的有限性导致其极易受到资源消耗攻击,如非授权应用违规发送数据、伪造并广播虚假数据包或数据包的确认消息等。

(5) 拒绝服务 (DoS) 攻击。与传统无线自组织网络类似,移动机会网络的各层都可能受到 DoS 攻击。

(6) 机密性攻击。由于采用"存储–携带–转发"的数据传输模式,移动机会网络中的数据包极易受到机密性攻击,可能会被恶意节点窃听、复制和泄露敏感数据内容。

(7) 隐私泄露。由于数据传输的多跳转发方式,移动机会网络中的恶意节点往往能够获取并泄露数据包的内容。即使对数据包进行了加密处理,恶意节点仍然可能违反安全数据路由策略,违规获取并泄露通信方身份、位置或其他敏感数据,从而侵犯用户隐私。

此外,由于节点资源的有限性,节点可能从资源节省的角度出发,在数据传输过程中表现出一定程度的自私性,即不参与或消极参与数据包转发,拒绝为其他节点提供数据包转发服务。事实上,节点之间的合作行为在很大程度上决定了移动机会网络的性能,这种缺乏合作机制的节点自私行为将严重降低移动机会网络的整体性能。因此,建立有效的合作激励机制以鼓励用户积极参与数据转发,是解决移动机会网络安全问题的一个重要需求。

移动机会网络的隐私保护需求包括数据包的源节点与目的节点的身份隐私、位置隐私、中间转发节点的身份和位置隐私等诸多方面。事实上,在军事和涉及人类健康、声誉等应用场景中,隐私保护往往成为非常重要的基础性安全需求。隐私保护功能与基于隐私信息的服务之间存在着某种均衡。获取的信息越多越准确,提供的相关服务将越及时和准确,但隐私信息的泄露可能抑制了用户使用相关服务的积极性。良好的服务需要涉及用户隐私,并在用户隐私保护和系统提供的功能方面进行有效均衡。因此,如何兼顾用户隐私保护与提供特定上下文服务,是设计移动机会网络应用协议的必要考虑因素之一。

7.2   基于合作博弈的数据路由算法

7.2.1   研究动机

移动机会网络的经典路由算法，如传染病路由算法[3]，一般都假设节点具有无私性，即每个节点都严格执行路由算法，自愿为其他节点缓存和转发数据包。在节点无私性假设的前提下，研究学者通过考虑和分析网络和节点的其他重要特征，如节点社会特征[5-11]、节点接触历史[12-14]、数据包多副本[15,16]、节点能量[17,18]和节点移动性[19-23]等，提出了一系列经典的移动机会网络路由算法。但事实上，上述路由算法中关于节点无私性的假设在实际环境中往往是不适用的。

众所周知，在实际生活中，构成移动机会网络节点的智能设备一般是由人持有并使用的，由于智能设备资源的有限性，导致人们在使用智能设备的有限性资源时呈现出对自身有利的行为特性，即愿意为自身或关系亲近的人服务，而不愿意为陌生人服务[24-26]。具体来说，移动机会网络中的节点产生自私行为的原因主要有以下三种[27]：

(1) 网络资源的有限性导致节点自私。移动机会网络数据传输采用"存储–携带–转发"模式，往往需要节点进行多次缓存和转发数据包，这将占用节点有限的缓存空间并消耗节点能量。因此，为了节省有限的网络资源，节点在没有获得任何利益或利益补偿的情况下，可能产生不参与数据包转发或丢弃转发内容的自私行为。

(2) 节点的隐私保护需求导致节点自私。节点在协助转发数据包的同时，一般会暴露自己的地址、身份、内容等相关信息。在受到恶意节点攻击的前提下，节点自身的敏感信息容易被泄露。因此，在没有任何保护措施或者利益补偿的情况下，节点可能不愿意参与数据包转发。

(3) 激励机制不健全导致节点自私。为了提高节点参与数据包转发的积极性，研究学者一般采用一些转发激励机制。在一些不健全的激励策略中，某些节点为了获得更多的利益回报，往往表现出故意欺骗和伪造数据包转发行为。例如，伪造自己成功参与数据包转发的假象，但实际上却没有参与转发，这就导致移动机会网络中的节点具有一定的自私性。

综上，节点为了达到节省自身有限的网络资源或保护自身的敏感信息或获取更多的收益等目的，可能会采取有利于自身利益的自私性行为。因此，移动机会网络模型中关于节点的无私性假设遇到了严重挑战，需要设计和提出基于节点自私性的移动机会网络路由新策略和新算法。针对节点的自私行为，研究学者一般基于相应的激励策略来促进自私节点相互协作，积极参与数据包转发。目前，移动机会网络中基于激励机制的数据路由算法的主要包括以下成果：

Li 等 [28] 提出了一种基于数字货币的激励机制，每个节点维护自己拥有的货币财富，用于支付自身需要传输出去的数据包的转发费用。当两个节点相遇时，数据包的发送方和其邻居节点均对数据包进行评估，分别给出卖方出价和买方出价。当卖方价格大于等于买方价格时，节点向其邻居转发数据包，并支付一定的费用。这种简单的博弈机制对激励节点参与数据转发起到了一定的积极作用。Li 等 [29] 将节点自私性分为个体自私性和社会自私性，提出了基于 Rubinstein-Stahl 博弈模型的 IAR-GT 路由算法。Shevade 等 [30] 提出了一种基于一报还一报策略的激励感知路由算法。Wu 等 [31] 提出了一种基于讨价还价的博弈论方法来激励移动机会网络中的自私节点。Zhu 等 [32] 提出了一种适用于具有自私节点的移动机会网络安全多层信用激励方案。Cai 等 [33] 提出了一种基于博弈论和最优停止理论规则的双跳移动机会网络高效激励路由算法。

然而，上述路由算法只考虑两个节点的合作博弈，没有考虑多个节点合作博弈。此外，这些路由算法也没有考虑数据包消息的即时性和时效性。如果一个消息，如天气预报、实时新闻和灾难警告在有限的时间内无法到达目的地，那么该消息可能将失去或降低其存在的意义。例如，实时新闻的价值会随着时间的推移而大大减少。针对消息的即时性和时效性，研究学者提出了一系列时间敏感的移动机会网络路由算法 [34-36]。Huang 等 [35] 提出了数据包 TTL 敏感的社会感知路由算法来计算节点的社团性和中心性。Lu 等 [36] 提出了一种激励机制，以激励节点转发消息，其中消息的效用值随着 TTL 的变化而改变,但假定每个节点的成本是相同的,并且没有考虑人与人之间的差异。

综合考虑节点的自私性和数据包消息的时间敏感性,设计基于多方博弈的移动机会网络数据延迟感知的路由算法,有望提高数据投递成功率,并达到减少平均数据传输延迟的目的,因而将更适用于真实的移动机会网络应用场景。

7.2.2　网络模型

移动机会网络是由一定数量的移动节点组成的,移动节点通过相遇所建立的短距离无线通信机会进行数据传输。假设网络中的节点存在一定的自私性,这意味着如果没有必要的激励措施,它们将拒绝消耗自身的能量、缓存、带宽等资源来协助转发其他节点的数据包。在这种情况下,节点只能依靠自己与目的节点的相遇机会才能完成数据包投递,这类似于之前介绍的直接递交路由算法,显然将极大降低网络性能。此外,假设节点都是理性的,即它们愿意通过接收一定的补偿或奖励来协助其他节点转发数据包。

假设移动机会网络中的任意两个节点的相遇行为可以用泊松过程建模。研究表明,在用户真实移动轨迹数据中,大部分用户的相遇间隔时间服从指数分布 [37-41]。假设每个节点都记录本节点与其他节点的相遇历史,任意两个节点的相遇间隔时间用 T_{ij} 表示。为了描述方便,假设每个在节点 i 缓存的数据包 m 关联着一组元数据,包括数据包基本效用值 V_m、效用值的实时评估值 $V(m,t)$、剩余生存时间和数据包目的节点 m_d。当一个节点与一组邻居节点相遇时,设 N 表示邻居节点集合,Φ_i 表示节点 i 的相遇历史,L_i 表示节点 i 上数据包的元数据。

1. 数据包效用值的实时评估值计算

每个数据包 m 都维护一个随时间动态变化的效用值 $V(m,t)$,其中,新产生的数据包根据其优先级和类型等属性被分配一个效用值初始 V_m,该效用值随时间指数衰减。因此,在任意时刻 t,数据包 m 的效用值的实时评估值 $V(m,t)$ 可依据公

式 (7-1) 计算:

$$V(m,t) = \begin{cases} V_m \cdot \mathrm{e}^{-k_m \cdot (t-t_0)}, & 0 < t - t_0 \leqslant \mathrm{TTL} \\ 0, & t - t_0 > \mathrm{TTL} \end{cases} \tag{7-1}$$

其中, t_0 是数据包 m 创建的时刻; k_m 是效用值衰减速率。

2. 资源耗费的值函数

移动机会网络中的节点携带和转发数据包都需要消耗一定的能量或缓存资源。为了弥补节点参与数据包转发所导致的资源消耗, 需要对节点参与行为所导致的资源消耗进行度量。将节点的资源耗费分成两类: 一类是缓存耗费; 另一类是转发/接收数据包的能量耗费。

针对一个节点 i 缓存的数据包 m, 该节点所产生的资源耗费用一个值函数 $C(n_i, m)$ 定义, 用公式 (7-2) 表示:

$$C(n_i, m) = C_t \cdot T_i^m + C_r \cdot f \tag{7-2}$$

其中, $C(n_i, m)$ 表示节点 i 针对所携带的数据包 m 所产生的耗费值; C_t 表示节点 i 携带数据包 m 的单位时间内的资源耗费值; T_i^m 表示节点 i 携带数据包 m 的时长; C_r 表示节点 i 转发或接收单位大小的数据包所产生的资源耗费值; f 表示节点 i 转发数据包 m 的次数。

3. 效用回报期望值

为了提高路由性能, 引入合作博弈 [42] 的思想, 相互协作的一组节点的平均回报越多, 单个节点所获得的收益越大。设集合 N 是参与数据包 m 转发的节点集合, 按照公式 (7-3) 定义 $U(m,S)$ 为集合 N 的一个子集合 S 所构成的联盟所参与节点转发时的整体回报:

$$U(m,S) = V(m,t) - \sum_{h=1}^{|S|} C(n_h, m) \tag{7-3}$$

其中, $S \subseteq N$。

4. Shapely 值计算

基于合作博弈的思想, 参与数据包转发的节点越多, 这些节点组成的联盟所获得的回报越大, 但资源消耗也越大, 单位节点所获得的收益可能越小。因此, 合作博弈需要考虑的主要问题是选择合适的子集合作为参与节点联盟并决定每个参与节点的回报。基于合作博弈理论, 应用 Shapely 值进行联盟确定和节点回报计算, 可以实现一种相对公平的回报分布 [33]。基于 Shapely 值理论, 集合 N 中的子集合 S 构成的联盟 S 进行数据包 m 的合作转发, 则新加入联盟 S 的节点 k 所获得的回报可以由公式 (7-4) 确定:

$$\phi_k(U_s) = \sum_{S \subseteq N \setminus \{k\}} \frac{|S|! \cdot (|N| - |S| - 1)!}{|N|!} \cdot (U(m, S \cup \{k\}) - U(m, S)) \qquad (7\text{-}4)$$

7.2.3 算法设计

在上述模型和假设基础上, 提出了基于合作博弈的数据 (cooperative game based data, CGBD) 路由算法。该路由算法试图激励节点之间相互协作, 为每个节点确定最优决策。假设数据包 m 已被节点集合 S 转发, 数据包 m 当前效用值的实时评估值为 $V(m, t)$, 联盟 S 的期望回报值为 $U(m, S)$。如果一个新节点 j 被邀请加入联盟 S, 则新联盟变为 $S' = S + \{j\}$, 其期望回报值为 $U(m, S')$。设节点 i 属于联盟 S, 该节点携带数据包 m, 且有关数据包 m 的 Shapely 值和元数据列表分别为 ϕ_i 和 L_i。

假设属于联盟 S 的当前节点 i 与另一节点 j 在时刻 t 相遇, 节点 i 将按照如下步骤对数据包 m 进行路由转发决策:

首先, 两个节点交换控制消息, 更新两个节点的元数据列表和相遇频率。然后, 节点 i 判断 j 是否为数据包 m 的目的节点, 若是, 则直接向其转发数据包 m 并结束; 否则, 节点 i 尝试将 j 加入联盟 S, 设 $S' = S + \{j\}$, 并按照公式 (7-3) 计算 $U(m, S')$。如果 $U(m, S') > U(m, S)$, 按照公式 (7-4) 计算两个节点的 Shapely 值 $\phi_i(U_{s'})$ 和 $\phi_j(U_{s'})$, 并转发数据包 m 给节点 j。在节点携带数据包过程中, 节点的耗费逐渐增加; 如果携带数据包 m 的实时消耗 $C(i, m)$ 大于其回报, 节点 i 将删

除数据包 m 以止损。基于合作博弈的数据路由算法的流程图如图 7-1 所示。

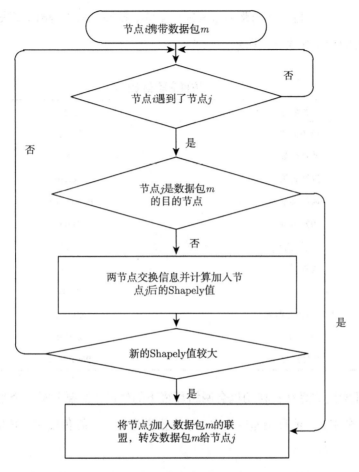

图 7-1　基于合作博弈的数据路由算法的流程图

7.2.4　算法实验分析

1. 仿真实验设置

采用移动机会网络的 ONE 仿真平台 [43] 对所提出的 CGBD 路由算法进行仿真和性能评估,采用的用户真实移动轨迹数据集为 Infocom 2006 (INF06)[44],该数据集包括嵌入无线蓝牙模块的 78 个 iMotes 设备,由携带这些设备的用户在一个会议场景中 4 天相遇记录组成。进行对比的路由算法包括:基于传染病路由算

法 [3]、基于遗传算法的能量高效路由 (genetic algorithm-based energy-efficient, GAE) 路由算法 [45]、社会自私感知路由 (socially selfish aware, SSA) 路由算法 [46]。仿真实验所涉及的参数如表 7-1 所示。

表 7-1　仿真实验参数列表

参数名称	取值
设备类型	iMotes
节点个数	78
持续时长	4×24h
通信类型	Bluetooth
初始能量	500J
发射耗能	0.2J
监听耗能	0.1J
节点缓存空间	3MB
数据包生存时间	40min
数据包大小	25KB
传输速度	250KB/s

为验证所提的算法在移动机会网络环境下的性能，需要分析三个基本的路由性能指标，分别为：消息投递成功率、平均投递延迟和网络负载率，下面介绍其具体定义。

(1) 消息投递成功率。消息投递成功率是指目的节点成功收到数据包的个数 N_d 和仿真时间内网络中所有产生数据包总数 N_g 的比值 N_d/N_g，是衡量路由算法性能的一个重要指标。在相同的时间，网络中产生了相同数量数据包，成功接收的数据包数量越多，说明路由算法的投递性能越好。特别是在采用多副本路由策略下，往往取得较高的消息投递成功率同时，伴随着高的数据包转发代价，也就是网络负载率。

(2) 平均投递延迟。平均投递延迟是指所有成功投递到目的节点的数据包从产生到成功投递到目的节点的过程中所花费时间的平均值。移动机会网络中数据包的投递延迟主要包括发送延迟、传输延迟、处理延迟、等待延迟以及缓存延迟，其中最主要关注的是缓存引起的延迟。平均投递延迟一般是和网络负载率相关，延迟越小，网络的负载率一般越高，反之亦然。

(3) 网络负载率。网络负载率是指在数据包投递的过程中，网络中所有节点转发数据包的总数 N_r 和投递成功数据包总数 N_d 的比值 N_r/N_d，也就是为了成功投递每个数据包，网络中所有节点需要转发的次数。在多副本的路由策略下，网络负载通常是大于 1 的，网络负载率越高，说明转发成功每个数据包需要耗费的系统资源越多，其可适用性就越差。

2. 实验结果分析

移动机会网络中包括自私节点和非自私节点，其中自私节点只为自己产生的数据包提供转发和缓存服务，拒绝为其他节点转发数据包。自私节点在网络中的比重是验证激励性路由算法性能的关键指标之一。图 7-2~图 7-4 分别列出了在不同的自私节点占比下各路由算法的消息投递成功率、平均投递延迟和网络负载率的变化情况。

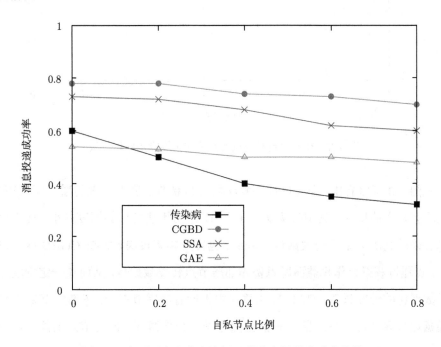

图 7-2　在不同自私节点比例下的消息投递成功率比较

从图 7-2 可以看出,传染病路由算法随着自私节点所占比重的增大,其消息投递成功率减少幅度最大,表明节点的自私性显著影响了传染病路由算法性能。此外,路由算法的消息投递成功率略好于传染病路由算法,但明显低于 CGBD 和 SSA 路由算法。CGBD 路由算法的消息投递成功率下降幅度最小,这表明该算法具有最好的节点激励效果。

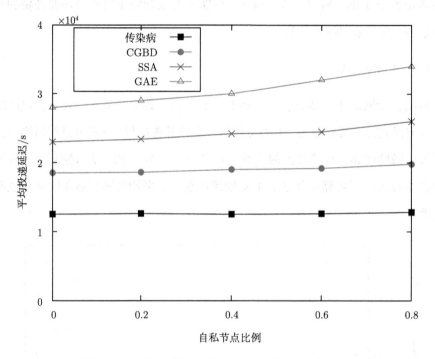

图 7-3　在不同自私节点比例下的平均投递延迟比较

从图 7-3 可以看出,所有的路由算法随着自私节点所占比重的增大,平均投递延迟均有轻微的增加,其中传染病和 CGBD 路由算法增加的幅度最小。传染病路由算法采用泛洪策略传递数据包,其数据包转发频率较快,而在 CGBD 路由算法中,节点通过获得合作收益而愿意协作邻居节点转发数据包,从而在一定程度上加快了数据包的转发频率。GAE 路由算法由于没有考虑节点合作机制,其数据平均投递延迟显著增加。SSA 路由算法虽然考虑了合作博弈,但对节点的能量消耗考虑较少,当自私节点占比增大时,其平均投递延迟缓慢增加。

从图 7-4 可以看出，传染病路由算法的网络负载率远远高于其他 3 种路由算法，其原因主要在于传染病路由算法采用泛洪策略，即每当两个节点相遇时，它们将立即复制和交换数据包，从而大大增加了数据包的转发次数。随着自私节点数量的增加，拒绝参与数据包的节点在一定程度上减少了数据包的转发次数，导致所有路由算法的网络负载率缓慢下降。此外，CGBD 路由算法的网络负载率略高于 GAE 路由算法，其原因在于该路由算法能够激励更多的自私节点参与数据包转发，在增加网络负载率的同时，提高了消息投递成功率并降低了平均投递延迟。

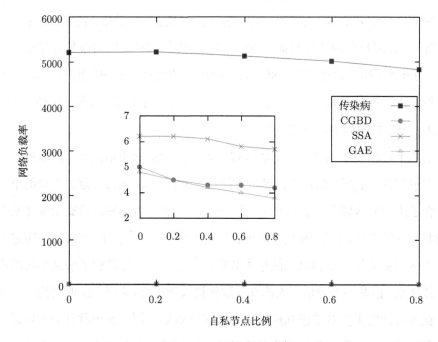

图 7-4   在不同自私节点比例下的网络负载率比较

综上所述，与传统路由算法以及目前移动机会网络自私感知的路由算法相比，所提 CGBD 路由算法在真实数据场景下具有消息投递成功率高、平均投递延迟短的优点，并保持了较低的网络负载率。其原因主要在于，所提 CGBD 路由算法基于 Shapely 值理论，考虑了合作博弈的思想，并能够在两个节点相遇时，快速地通过计算相应的 Shapely 值，能够高效地判定所遇到的节点是否可以作为合适的中继节点。

7.3 基于隐私保护的数据收集算法

7.3.1 研究动机

随着智能手机被嵌入了诸多智能传感器, 如 GPS、录音机、加速计、光强感知器、摄像头和近场感知器等, 其感知功能不断增强, 已被广泛用于收集个人相关的数据及环境数据, 这些数据被基于上下文的服务 APP 所使用 [47-49]。事实上, 通过所收集的用户个人数据, 智能手机持有者的实时状态 (如健康、位置、所乘坐交通工具等) 以及用户周围环境的状态 (如 $PM_{2.5}$、噪声、天气等) 都能够被准确分析和预测。近年来, 随着智能手机的群智感知应用不断普及, 这些应用为社会感知和城市计算提供了数据基础。一些典型的群智感知应用包括: 智能交通、定位服务、环境监测、个人护理和健康监测 [50-54]。

虽然上述基于智能感知应用能够提升人们的健康和生活质量, 但用户个人数据的收集却带来了严重的用户隐私泄露问题, 其主要原因在于, 这些收集的个人数据包含了用户的敏感上下文信息 [55,56]。例如, 一个群智感知应用试图统计某个时间段某个地区人群的平均身高、体重和患某种疾病的比例。因为人们不能完全信任这个应用服务如何对待他们的个人数据, 所以人们虽然很想了解这个应用服务的统计结果, 但并不希望他个人的真实数据被泄露出去。相应地, 收集用户个人数据并获得统计结果的智能感知应用本身的工作机制对用户来说往往是透明的, 它们没有提供一种机制来保证用户的隐私信息不被泄露给第三方, 因而不被用户信任。更有甚者, 某些基于用户信息的服务可能是恶意的, 它可能会主动收集并泄露用户的敏感信息, 用于违法事务, 这将严重侵犯用户信息, 甚至威胁用户自身安全。Enck 等 [57] 的研究表明, 50% 的安卓应用存在私自将用户的位置信息提供给第三方服务商的情况。事实上, 由于基于用户上下文信息提供服务的便捷性, 广大用户其实并不会因为隐私保护的需求而拒绝使用这些服务。因此, 提供一种具有隐私保护功能的机制以限制上述群智感知应用非法获取用户敏感信息, 从而实现用户自定义的隐私保护是当前急需解决的一个关键问题 [58]。

大多数的研究均假设存在一个可信的聚集中心，用户完全信任该中心，并确信该中心不会将用户的真实原始数据进行滥用或泄露给不可信的第三方。在这种假设下，如何高效地实现用户与用户、用户与聚集中心的安全可靠通信，并保证用户的真实数据不被其他用户获取，成为具有用户隐私保护的感知数据收集问题的关键。研究学者提出了很多基于密码机制的安全通信协议以保证用户真实敏感数据不被不可信第三方获得 [59]。此外，研究学者还关注了抵御合谋攻击的问题 [60]，即防止多个用户通过共享通信和数据来推测其他用户的真实敏感数据。

但是，在基于感知数据收集的移动感知应用中，基于可信聚集中心的假设往往并不现实。相反，移动感知应用本身往往是不被用户信任的。因此，从保护用户隐私的角度看，移动感知应用本身不应该获得用户真实的原始数据。此外，移动感知应用还应该能够抵御一定数量的用户合谋攻击，即提供一种机制，保证其部分用户的合谋攻击，甚至聚集中心本身和某些用户的合谋攻击也不能获得用户的真实敏感数据。针对该问题，研究学者提出了一系列无可信聚集中心的数据聚集方法 [52,61-63]，使得不可信聚集中心能够统计用户数据值而不能得到用户真实数据。Rahman 等 [52] 提出了一种面向健康检测的具有隐私保护功能的数据收集方法，通过采用 (k, n) 阈值多项式插值方法保护用户数据隐私，在每一个数据聚集阶段，该方法需要 $(n-1)^3 + k$ 轮的数据传输，具有较高的通信代价。Li 等 [63] 提出了一种面向数据流的基于多方密码共享策略的数据聚集方法。在该方法中，聚集中心的解密秘钥被分成若干份并分别由各个用户持有，只有所有的用户持有的部分组合起来才能构造原解密秘钥，而每个用户只了解自身被分配到的秘钥部分。为了保护用户隐私，需要一个可信的第三方将聚集中心的解密秘钥分解并分发给各个用户，因而限制了其灵活性。

为了在保护用户隐私的前提下提高数据聚集方法的高效性和灵活性以适用于计算资源受限的智能手机设备，本书提出一种新的面向不可信聚集中心的具有隐私保护功能且能够抵御一定程度的合谋攻击的高效数据聚集方法 [64]。将信息隐藏技术和同态加密机制进行综合，提出一种基于宽度优先搜索的数据混淆机制，以保证不可信的聚集中心可以高效地获得所有用户数据的统计值，却不能获得或推理得到任何用户的真实原始数据。提出的方法将数据混淆操作实施在用户数据密文空间。在数据混淆过程中，用户的真实原始数据被用户自己分解为若干份，并分别发送并混淆于其邻居用户中。此外，提出的方法不需要用户之间紧密的通信和合作，也不需要用户之间分享共同的秘密用于数据加密和解密，从而能够灵活地适用于用户的动态加入和离开，具有更好的实用性。

7.3.2　系统模型和基础知识

1. 系统模型

基于隐私保护的数据收集系统模型如图 7-5 所示，包括 1 个数据服务器、1 个数据请求者、若干个固定位置的聚集中心以及数量众多的携带智能手机的移动用户组成。移动用户利用携带的智能手机收集数据，数据基站接收来自数据客户端的数据聚集请求。每个数据基站负责一定物理区域，该区域中的用户组成群组，群组内的用户 (也称为节点) 利用手机的短距无线设备进行通信，数据基站与所负责区域内地用户进行数据交换。为了提供基本安全保证，每当一个节点进入数据基站的通信范围时，在加入数据基站所在群组前，需要建立与数据基站的双向认证。一旦一个节点进入一个新的群组，负责该群组的数据基站通过实施双向认证协议，为节点生成一个临时的身份 ID。假设一个群组内的每个节点都可以直接与负责该群组的数据基站直接通信。此外，每个节点还可以利用其短距无线通信设备接口 (如 WiFi 等) 与其附近的节点通信。

为了完成数据传输任务，每个节点运行同样的数据聚集应用软件，并完成基本的加解密操作和数据传输操作。每个节点遵从诚实但好奇模型 (honest but curious model)，这意味着它将严格执行每个聚集操作，并对其处理的数据的真实内容感兴趣。为了安全需要，节点感知的真实的敏感隐私数据需要以密文形式存储和处理，不能被除了自身节点之外的其他节点和数据基站所获知。一旦收到数据聚集请求，数据聚集软件将按照后续所提出的步骤依次高效地处理数据，并将数据聚集结果安全地传输到数据基站。目标是正确获知所有节点的数据聚集结果，即使在存在一

定数量节点或数据基站合谋的情况下，每个节点包括数据基站均不能得到除自身
节点之外的其他节点的原始感知数据。

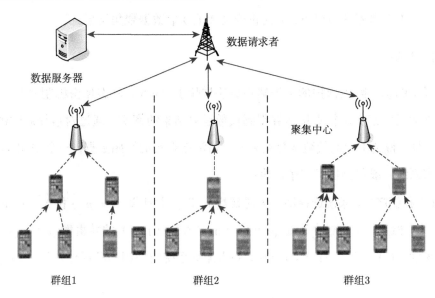

图 7-5 基于隐私保护的数据收集系统模型

一个典型的数据聚集过程如下所述：当数据客户端需要获取整个网络的某项
数据聚集结果时，它将产生一个请求并将其发送到相应的数据基站；收到请求的数
据基站将再次广播数据聚集请求到其负责的所有用户；每个收到请求并满足数据
聚集要求的用户进行感知数据收集并以一种隐私保护和安全方式将数据聚集结果
传输到数据基站；数据基站进行数据聚集操作并将正确性可验证的数据聚集结果
返回给数据客户端；数据聚集结果也将存储到数据服务器以备未来数据查询和分
析之用。

关于攻击模型，主要关注针对节点的敏感数据的泄露和完整性破坏。攻击可能
来自于单个节点、数据基站或若干个合谋节点。攻击者期望获得其他节点的原始数
据或破坏数据聚集结果。假设所有节点和数据基站都遵从诚实但好奇模型，这意味
着它们服从数据聚集协议但期望获得真实的原始数据。一个攻击者可以实施被动
攻击，监听网络通信，并试图基于自身所掌握的知识进行分析，从而获取真实的原

始数据。此外,系统需要具有一定的抵御合谋攻击的能力,阻止一定数量的用户通过共享数据来推理其他节点的真实原始数据。因此,目的是在保证各个节点的真实敏感数据不被泄露的前提下,如何正确高效地获取数据聚集结果。

2. 基础知识

提出的基于隐私保护的数据聚集算法依赖于 Paillier 同态加密机制 [65],在该机制下通过对密文进行直接运算得到代数运算结果的密文,通过对运算后的密文解密,即可得到正确的代数运算结果而无需泄露真实的原始数据。一个 Paillier 同态加密系统一般包括以下三个阶段:

(1) 秘钥产生。系统选择两个大的素数 p 和 q,并计算 $N = p \cdot q$ 和 $\lambda = \text{lcm}(p-1, q-1)$。然后,选择一个满足 $\gcd(L(g^\lambda \bmod N^2), N) = 1$ 的随机数 $g \in Z_{N^2}^*$,其中的函数 $L(x) = (x-1)/N$。Paillier 同态加密系统的公钥和私钥分别是 $< N, g >$ 和 λ。

(2) 加密。设 $m \in Z_N$ 为一个明文,$r \in Z_N$ 是一个随机数。明文 m 的密文可以通过计算 $E(m, r) = g^m \cdot r^N \bmod N^2$ 得出。

(3) 解密。给定密文 $c \in Z_{N^2}$,其对应的明文可以通过公式 (7-5) 计算得出:

$$D(c) = \frac{L(c^\lambda \bmod N^2)}{L(g^\lambda \bmod N^2)} \bmod N \tag{7-5}$$

一个 Paillier 同态加密系统具有期望的同态特征。对于任意的 $m_1, m_2, r_1, r_2 \in Z_N$,满足方程 $E(m_1, r_1) \times E(m_2, r_2) = E(m_1 + m_2, r_1 \cdot r_2) \bmod N^2$ 和方程 $E^{m_2}(m_1, r_1) = E(m_1 \cdot m_2, r_1^{m_2}) \bmod N^2$。此外,如果一个明文 m 是由不同的两个随机数产生的,其对应两个不同的密文,基于同样的秘钥对这两个密文解密可得到同样的明文 m。

为了实现一定程度的安全,将 N 和 g 的长度分别设置为 1024 和 160 二进制位。在此参数下,Paillier 同态加密系统的解密操作需要 2 个 1024 位的指数运算和 1 个 2048 位的乘法运算,相应的解密操作需要 1 个 2048 位的指数运算。事实上,由于本书的方法涉及的加解密操作主要在具有较高计算能力的数据基站上，而在移动节点上的操作主要涉及对密文的乘法操作，这相对 Paillier 加解密操作而言需要较少的计算资源，因此更适合于资源受限的智能手机等设备。

7.3.3 算法设计

本书关注的数据聚集查询形式为 $Q(m) = \sum_u f_u(m_u)$，其中，$f_u(m_u)$ 是将用户 u 的数据 m_u 映射到整数的任意函数。此类查询也被称为求和聚集查询，在统计分析中被广泛使用。本书暂不考虑一般化的数据聚集查询，包括求最大值、最小值等。

1. 总体思路

为了实现数据隐私和完整性保证，提出的数据聚集算法包括三个阶段。在第 1 阶段，数据客户端将数据聚集请求发送到所有数据基站，每个收到数据聚集请求的数据基站再次转发至其负责的移动节点，转发过程采用广度优先树的建立方式；在第 2 阶段，每个数据基站负责的群组内，每个节点按照数据聚集请求进行数据感知，同时对感知的数据增加扰动并转发至数据基站，为了保证数据完整性，为每个数据包增加消息验证码；在第 3 阶段，数据基站实施数据聚集和完整性检查，并将正确的数据聚集结果返回给数据客户端。下面详细描述所提出的数据聚集算法的过程，包括初始化、数据转发和数据聚集三个阶段。

2. 初始化

由于每个数据基站负责其周围的移动节点的数据聚集和隐私保护，重点关注一个数据基站附近的节点数据聚集过程。设一个数据基站 A 周围有 n 个节点，构成节点集合 U。一旦一个节点 (不妨设为 n_i) 进入数据基站 A 的通信范围，数据基站 A 将为节点 n_i 建立双向认证并为其分配临时的身份 ID。基于文献 [66] 的双向认证过程为新用户分配身份 ID，当一个节点 n_i 进入数据基站 A，数据基站 A 将实施双向认证，并为 n_i 分配临时的公/私钥，为后续双方的安全数据通信建立对称通信秘钥提供基础。假设所有数据通信都通过安全的对称密码机制。为了快速实施双向认证，每当一个节点进入新的数据基站时，它都将周期性广播其临时身份信息。

双向认证结束后，数据基站将为其周围的用户初始化一个 Paillier 同态加密系统，其公钥和私钥分别为 $<N, g>$ 和 λ，并在其群组内广播公钥。当收到来自于数据客户端的数据聚集请求 Q 后，数据基站将在其负责的群组内构造一棵广度优先搜索树，并沿着所建立的树广播数据聚集请求 Q。图 7-6 显示了一棵以节点 A 为根节点的广度优先搜索树。

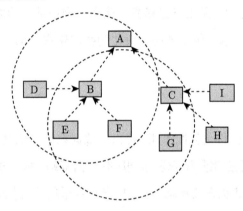

图 7-6　以节点 A 为根节点的广度优先搜索树

一个群组内的节点初始化过程如下所述：

首先，数据基站随机选择一个节点 (设为 n_r) 为广度优先搜索树的根节点，并将数据请求以及整数 1 的密文 $E(1)$ 发送到节点 n_r。在图 7-6 中，节点 A 被数据基站选为根节点。

然后，根节点 n_r 再次广播请求 Q 并构造一棵广度优先搜索树。每当首次收到一个请求，节点将发送请求的节点记录为其双亲节点，并再次广播该请求 Q。通过这种方式，一棵广度优先搜索树将建立起来。同时，每个节点将记录其邻居节点。需要指出的是，邻居节点未必是其双亲节点或孩子节点。在图 7-6 中，节点 B 和 F 的邻居节点集合分别记为 N_B 和 N_F，其中 $N_B = \{A, D, E, F\}$，$N_F = \{B, E, C, G\}$。

3. 数据转发

在本阶段，每个节点 n_u 需要将其感知的数据 d_u 及其消息验证码 $h(d_u)$ 转发至数据基站，其中函数 $h(\cdot)$ 是保证数据完整性的哈希函数。为了实施数据完整性验证，所选择的哈希函数需要具有同态特性，即对于任意的数据 m_1 和 m_2，均满足 $h(m_1) \cdot h(m_2) = h(m_1 + m_2)$。本阶段的具体实施过程包括以下几个步骤：

(1) 每个节点 n_u 进行一系列计算。首先，它将计算并得出其消息验证码 $h(n_u)$，并将感知的原始真实数据 d_u 随机地分为 $m+1$ 份 $d_u^1, \cdots, d_u^{m+1}$，其中 $d_u^1 + \cdots + d_u^{m+1} = d_u$，$m$ 是小于节点的邻居个数 n_u 的一个正整数。然后，节点在密文空间上对 $E(1)$ 进行乘法运算，分别得到 $E^{d_u^1}(1), \cdots, E^{d_u^{m+1}}(1)$。例如，图 7-6 中的节点 B 首先计算得到 $h(d_B)$，并将原始数据 d_B 分成 3 份 d_B^1, d_B^2 和 d_B^3，其中 $d_B^1 + d_B^2 + d_B^3 = d_B$。最后，节点 B 计算并分别得到 $E^{d_B^1}(1)$, $E^{d_B^2}(1)$ 和 $E^{d_B^3}(1)$。

(2) 节点 n_u 随机选择 m 个除了其双亲节点之外的邻居节点，并给每个所选择的邻居节点发送一个来自集合 $\{E^{d_u^i}(1) | i = 1, \cdots, m\}$ 的元素，同时节点自身保留数据 $E^{d_u^{m+1}}(1)$。例如，图 7-6 中的节点 B，如果邻居节点 D 和 E 被选中，则节点 B 将分别发送 $E^{d_B^1}(1)$ 和 $E^{d_B^2}(1)$ 给节点 D 和 E，并保留数据 $E^{d_B^3}(1)$。

(3) 一旦从其邻居节点收到密文，用 $\{E^{d_{u'}^{i'}}(1) | i' \in N, u' \in U\}$ 表示，节点 n_u 将在密文空间计算这些值与自身所保留的密文数据 $E^{d_u^{m+1}}(1)$ 的乘积，记做 $E_u(1)$。例如，对于节点 B，假设其收到了来自于邻居节点 A、D 和 E 的密文数据 $E^{d_A^2}(1)$、$E^{d_D^1}(1)$ 和 $E^{d_E^1}(1)$，通过乘法运算得到最终数据 $E_B(1) \leftarrow E^{d_A^2}(1) \times E^{d_D^1}(1) \times E^{d_E^1}(1) \times E^{d_B^3}(1)$。

(4) 如果节点 n_u 是树的叶子节点，它将给其双亲节点发送数据 $(E_u(1), h(d_u))$，其中，$E_u(1)$ 是其与邻居节点合作后得到的混淆数据；否则，节点 n_u 在收到其邻居节点转发的数据及其邻居节点转发的数据后，在密文空间上进行乘法操作，得到二元组数据，其中一项为 $E^{d_u^{m+1}}(1) \times E^{d_{u_1'}}(1) \times \cdots \times E^{d_{u_k'}}(1)$，用 $E_u(1)$ 表示，另一项为 $h(d_{u_1'}) \cdots h(d_{u_k'})$，用 $h'(d_u)$ 表示。例如，对于叶子节点 F，节点 F 将数据 $(E_F(1), h(d_F))$ 给它的双亲节点 B；至于非叶子节点 B，假设其从其孩子节点 D，E 和 F 收到的数据分别为 $(E^{d_{D1}}(1), h(d_D))$，$(E^{d_{E1}}(1), h(d_E))$ 和 $(E^{d_{F1}}(1), h(d_F))$，则该节点得到 $(E_B(1), h(d_B))$，其中，$E_B(1) = E^{d_B^3}(1) \times E^{d_{D1}}(1) \times E^{d_{E1}}(1) \times E^{d_{F1}}(1)$，$h'(d_B) = h(d_B)h(d_D)h(d_E)h(d_F)$。

在本阶段的最后，根节点 n_r 将从其孩子节点收到聚集数据，按照上述步骤计算得到二元组 $(E_{u_r}(1), h'(d_{u_r}))$，并转发至对应的数据基站。

综上，对于任意节点 n_u，图 7-7 描述了与该节点有关的通信步骤。节点 n_u 首先对自身的感知数据与部分邻居节点进行合作并混淆，然后等待接收来自于邻居节点的感知数据部分的混淆数据，接着等待接收来自于其孩子节点的混淆后的数据。所需的等待时间与所建立的广度优先搜索树的度有关。在经过一定的等待时间后，节点 n_u 将进行一系列的运算得到对应的二元组数据，并将其转发至其双亲节点。

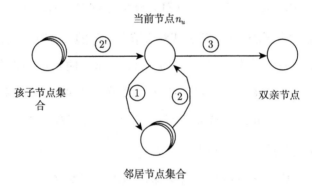

图 7-7　节点间通信步骤示意图

4. 数据聚集和完整性验证

每个数据基站在收到其负责的群组中的根节点 n_r 的数据聚集数据 $(E_{u_r}(1), E'(h(d_{u_r})))$ 之后，将实施数据完整性验证并获取聚集结果。首先通过数据基站所保留的秘钥可以解密密文 $E_{u_r}(1)$，从而得到数据聚集结果 $D(E_{u_r}(1))$。然后，判断 $h(D(E_{u_r}(1))) = D(E'(h(d_{u_r})))$ 是否成立，若成立，则表明该数据聚集结果是正确的。最后，将此数据聚集结果加密传送给数据客户端。通过这种方式，数据客户端可以从所有数据基站分别获取各自正确的数据聚集结果。

本书所提算法显然是正确的。在所提的方法中，每个节点将其所感知的真实原始数据随机分成了若干份并分别给每个邻居发送一份，同时自身保存一份。由于每个节点在收到其所有邻居节点发送过来的部分数据，并与自身保存的数据进行密文运算后，将计算结果转发给其双亲节点。因此，最终根节点将得到所有节点的数据的密文运算结果。根据 Paillier 同态加密系统的同态特性，根节点将得到所有感知数据的数据聚集的密文，再经过解密，即可得出正确的数据聚集结果，即 $D(E_{u_r}(1)) = \sum d_u$。同样，由于所选的哈希函数的同态特性，有 $h'(d_{u_r}) = h\left(\sum d_u\right)$，这保证了数据聚集结果的完整性。

7.3.4 理论和实验分析

1. 隐私保护和安全性评估

数据基站为加入其群组的每个节点分配了临时的整数 ID，实现了节点的身份认证和节点间数据通信的机密性。至于数据隐私保护，在提出的数据聚集方法中引入了信息隐藏和 Paillier 同态加密机制，避免节点将其原始真实数据泄露给恶意节点，并能够抵制一定程度的合谋攻击。下面分别从个体安全攻击和合谋攻击两个方面阐述所提算法的安全性。

1) 基于个体攻击的安全性分析

假设在一个数据基站附近存在一个恶意节点，它期望只通过自身获取的知识来推理其他节点的真实原始数据。在所提算法初始阶段，数据基站首先基于其私钥 λ 计算整数 1 的密文 $E(1)$，而所有节点的计算操作均是在密文空间对 $E(1)$ 进行某些运算来完成的。Paillier 同态加密机制保证了所有节点均在没有私钥 λ 的前提下，对密文进行解密在计算上是不可能实现的，原因是只有数据基站拥有正确解密密文的权利。在本书的算法中，数据基站无法得到任何节点所感知数据的密文信息，而只是得到了所有节点的感知数据的聚集数据的密文信息，因而只能得到正确的数据聚集结果，而无法得知任何节点的原始感知数据。同理，任何节点也只能得到其感知的原始数据，而不能得到其他节点的感知数据的密文信息，原因在于每个节点将其真实的感知数据进行了拆分，一个节点只能收到其他节点所发来的部分数据的密文信息。因此，本书的算法保证了任何节点均无法从自身获得的数据中推理得出其他节点的真实感知数据。

2) 基于合谋攻击的安全性分析

在合谋攻击中，某些节点与数据基站共享它们收到的数据，试图推理并获得其他节点的真实感知数据。在本书的算法中，采用了两种方法来增加合谋攻击的难度。首先，一个节点感知的数据被分为多份，并分别分发给其邻居节点。然后，每个节点自身保留一份，并将其与从其他邻居节点收到的感知数据的密文进行运算。假设存在一些节点试图推理得到节点 u 的真实感知数据 d_u，成功实施合谋攻击的唯一机会是，所有收到节点 u 的部分感知数据密文的节点与向 u 发送部分感知数据的节点共同合谋，当然还需要数据基站的参与。其具体的合谋攻击过程如下所述：

(1) 节点 u 的双亲节点未参与合谋攻击。此时，合谋攻击将失败，其原因在于节点 u 无法获得其双亲节点所保留的部分感知数据密文 $E^{d_u^{m+1}}(1)$。节点 u 只将保留的部分感知数据密文 $E^{d_u^{m+1}}(1)$ 发给其双亲节点，而双亲节点又会将该数据与其自身的部分感知数据的密文进行运算，因此节点 u 的感知数据密文 $E^{d_u^{m+1}}(1)$ 被隐藏在其双亲节点所提交的密文数据中。在这种情况下，任何其他节点均无法获得节点 u 所保留的部分感知数据密文 $E^{d_u^{m+1}}(1)$，进而导致无法获得节点 u 的真实感知数据。

(2) 节点 u 的双亲节点参与合谋攻击。此时，合谋攻击以一定的概率将成功实施。假设节点 u 存在 n 个邻居节点，其中有 m' 个孩子节点 $(m' < n)$。在数据转发阶段，节点 u 将其数据分成 $m+1$ 份，自身保留 1 份，将其余 m 份分别转发给其 m 个邻居节点 $(m < n)$，并假设节点 u 收到了 m'' 个邻居节点转发的部分感知数据密文 $(m'' < n)$。经过上述分析，合谋攻击成功的唯一机会至少需要所有 m' 个孩子节点、m'' 个向其发送数据的邻居节点以及 m 个接收其发送的数据的邻居节点共同参与。如果存在一个及以上的上述节点没有参与攻击，则合谋攻击将失败，节点 u 的真实感知数据将无法被推理得出。假设上述合谋攻击成功时的节点个数为 $\bar{m}$，则可以得出 $\max\{m, m', m''\} \leqslant \bar{m} < n$，此时，合谋攻击成功的概率可用公式 (7-6) 表示：

$$\frac{\bar{m}}{n} \cdot \frac{\bar{m}-1}{n} \cdot \cdots \cdot \frac{1}{n-\bar{m}+1} = \left(\begin{array}{c} \bar{m} \\ n \end{array} \right)^{-1} \tag{7-6}$$

由此可见,所提算法在取较大的 n 值情况下能够在较大程度上抵御合谋攻击。

2. 性能分析

下面主要从动态性、计算复杂性和通信复杂性 3 个方面分析算法的性能。

1) 动态性

所提算法支持用户的动态加入和离开群组。当一个节点进入数据基站的无线覆盖范围时,数据基站通过实施双向认证,为新用户分配新的临时身份 ID。在数据聚集过程中,该节点与其他节点之间将基于所分配的身份 ID 进行秘密通信,不会泄露通信双方的数据。因此,在数据聚集过程开始前,节点的加入和移出群组都不会影响后续的数据聚集结果。但是,如果一个节点在数据聚集过程中离开了群组,这可能导致数据聚集结果不正确。所提算法可以通过数据完整性验证得知这一结果,从而通过增加新的数据聚集过程重新得到正确的数据聚集结果。

2) 计算复杂性

Paillier 同态加密机制通常需要消耗巨大的计算和存储资源,这往往不适合于计算、能量和存储资源受限的智能手机等移动设备。但是,所提算法对 Paillier 同态加密机制的计算进行了分离,使得移动设备不再需要涉及复杂度较高的计算,将复杂度较高的加、解密等操作迁移到了计算和存储能力充沛的数据基站。在本书算法中,所有移动节点只需要在密文空间上进行较为简单的乘法操作,而不需要进行加密、解密操作。假设每个节点都将其数据划分为 $m+1$ 份,并分别传给 m 个邻居节点,则每个节点需要在密文空间上进行 m 次乘法操作。由于每个节点在收到其邻居节点发来的数据后,需要结合自身保留的数据,进行乘法操作,并传输给其双亲节点。因此,本书算法总共需要在密文空间上进行 $2(m+1)n$ 次乘法操作。

3) 通信复杂性

在本书算法中,所有的通信都发生在邻居节点之间或节点与数据基站之间。在节点进入群组时，数据基站为新节点分配临时身份 ID，但节点的数据不一定直接发送给数据基站，而更可能经过距离更近的邻居节点。此外，由于本书算法以数据基站为根节点建立一棵广度优先搜索树，依据该树进行数据传输，因此，不再需要复杂的数据路由算法。

在每个节点只将其原始数据拆分并分别发送给其 m 个邻居节点的假设下，每个节点只与其邻居节点进行 2 次通信并与其双亲节点进行 1 次通信。因此，本书算法总共需要 $(2m+1)n$ 次通信，小于目前流行的数据聚集算法。

表 7-2 列出了本书算法与目前经典算法在安全性和性能方面的对比结果。需要指出的是，表中的 3 个算法均能够抵御共谋攻击并具有隐私保护能力。但是，本书算法支持数据聚集结果的完整性验证，而其他两个算法不具备这方面的能力。从表中可以看到，本书算法使得移动节点的计算资源耗费较小，每个移动节点只需要 $2(m+1)$ 次乘法操作，因此，本书算法更适合于计算资源受限的智能手机等移动智能设备。

表 7-2 数据聚集算法的性能对比

算法	加密次数(基站)	加密次数(用户)	加密次数(基站)	加密次数(用户)	通信次数
本书算法	2 模指数	$2(m+1)n$ 模乘	1 模乘	0	$(2m+1)n$
PriDac[52]	n 乘法	n 乘法	k 乘法	n 乘法	$(n-1)^3 + k$
FPK[61]	0	$4n$ 模指数 $+2n$ 模乘	n 模乘	n 模乘	$3n$

7.4 结论及进一步的工作

移动机会网络的安全与隐私保护一直是研究学者关注的焦点之一。本章从激励用户积极参与数据传输和保护用户隐私这两个角度出发，分别提出了基于合作博弈的数据路由与基于隐私保护的数据收集算法，有效保护了用户隐私数据，提高了用户参与的积极性。未来进一步的研究工作主要在具有隐私保护功能的数据路由、数据发布、数据分发和数据推荐方面，这些问题的解决将进一步拓广移动机会网络应用范围，具有重要的理论意义和应用价值。

参 考 文 献

[1] Farrel S, Cahill V. Security considerations in space and delay tolerant networks[C]. Proceedings of the 2nd IEEE International Conference on Space Mission Challenges for Information Technology (SMCIT 2006), Piscataway, USA, 2006: 29-38.

[2] 吴越, 李建华, 林闯. 机会网络中的安全与信任技术研究进展 [J]. 计算机研究与发展, 2013, 50(2): 278-290.

[3] Vahdat A, Becker D. Epidemic routing for partially-connected ad hoc networks[R]. Technical Report CS-2000-06, Department of Computer Science, Duke University, Durham, USA, 2000.

[4] Spyropoulos T, Psounis K, Raghavendra S. Spray and wait: an efficient routing scheme for intermittently connected mobile networks[C]. ACM Workshop on Delay-tolerant Networking, New York, USA, 2005: 252-259.

[5] Bulut E, Szymanski K. Friendship based routing in delay tolerant mobile social networks[C]. IEEE Global Telecommunications Conference, Miami, USA, 2010: 1-5.

[6] Pan H, Jon C, Ekio Y. Bubble rap: social-based forwarding in delay-tolerant networks[J]. IEEE Transactions on Mobile Computing, 2011, 10(11):1576-1589.

[7] Zhao R, Wang X, Zhang L, et al. A social-aware probabilistic routing approach for mobile opportunistic social networks[J]. Transactions on Emerging Telecommunications Technologies, 2017, 28(12): 1-19.

[8] Wang R, Wang X, Hao F, et al. Social identity aware opportunistic routing in mobile social networks[J]. Transactions on Emerging Telecommunications Technologies, 2018, 29(5): 1-17.

[9] 李捷, 陈阳, 刘红霞. 基于社交效用向量的机会网络路由算法 [J]. 河南大学学报 (自然科学版), 2016, 46(2): 196-201.

[10] 甄岩, 龚玲玲, 杨静. 王汝言带有社会关系感知的机会网络组播路由机制 [J]. 华中科技大学学报 (自然科学版), 2016, 44 (7): 127-132.

[11] Xiao M, Wu J, Huang L. Community-aware opportunistic routing in mobile social networks[J]. IEEE Transactions on Mobile Computing, 2014, 63(7): 1682-1695.

[12] Wang X, Lin Y, Zhang S, et al. A social activity and physical contact-based routing algorithm in mobile opportunistic networks for emergency response to sudden disasters[J]. Enterprise Information Systems, 2017, 11(5): 597-626.

[13] Zhang L, Wang, X, Lu J, et al. A novel contact prediction-based routing scheme for DTNs[J]. Transactions on Emerging Telecommunications Technologies, 2017, 28(1): 1-12.

[14] 彭碧涛. 接触概率和数据分组新鲜度感知的机会网络路由算法 [J]. 小型微型计算机系统, 2017, 38 (7): 1459-1463.

[15] Zhang F, Wang X, Zhang L, et al. Dynamic adjustment strategy of n-epidemic routing protocol for opportunistic networks: a learning automata approach[J]. KSII Transactions on Internet and Information Systems, 2017, 11(4): 2020-2037.

[16] Zhao R, Wang X, Lin Y, et al. A controllable multi-replica routing approach for opportunistic networks[J]. IEEJ Transactions on Electrical and Electronic Engineering, 2017, 12(4): 589-600.

[17] Zhang F, Wang X, Jiang L, et al. Energy efficient forwarding algorithm in opportunistic networks[J]. Chinese Journal of Electronics, 2016, 25(5): 957-964.

[18] Chen Q, Cheng S, Gao H. Energy-efficient algorithm for multicasting in duty-cycled sensor networks[J]. Sensors, 2015, 15(12): 31224-31243.

[19] Yuan Q, Cardei I, Wu J. An efficient prediction-based routing in disruption-tolerant networks[J]. IEEE Transactions on Parallel Distributed Systems, 2012, 23(1): 19-31.

[20] Zhang L, Cai Z, Lu J, et al. Mobility-aware routing in delay tolerant networks[J]. Personal and Ubiquitous Computing, 2015, 19(7): 1111-1123.

[21] Liu S, Wang X, Zhang L, et al. A social motivation-aware mobility model for mobile opportunistic networks[J]. KSII Transactions on Internet and Information Systems, 2016, 10(8): 3568-3584.

[22] Lin Y, Wang X, Zhang L, et al. The impact of node velocity diversity on mobile opportunistic network performance[J]. Journal of Network and Computer Applications, 2015, 55: 47-58.

[23] Zhang L, Cai Z, Lu J, et al. Spacial mobility prediction based routing scheme in

delay/disruption-tolerant networks[C]. In Proceedings of International Conference on Identification, Information and Knowledge in the Internet of Things 2014, Beijing, China, 2014: 274-279.

[24] Sermpezis P, Spyropoulos T. Understanding the effects of social selfishness on the performance of heterogeneous opportunistic networks[J]. Computer Communications, 2014, 48: 71-83.

[25] Zhou H, Chen J, Fan J, et al. ConSub: incentive-based content subscribing in selfish opportunistic mobile networks[J]. IEEE Journal on Selected Areas in Communications, 2013, 31(9S): 669-679.

[26] Ciobanu R, Dobre C, Dascălu M, et al. A collaborative selfish node detection and incentive mechanism for opportunistic networks[J]. Network and Computer Applications, 2014, 41: 240-249.

[27] 吕俊领, 宋晖, 何志立, 等. 机会网络中节点自私行为的研究综述. 计算机工程与应用 [J]. 2017, 53(18): 7-16.

[28] Li Y, Yu J, Wang C, et al. A novel bargaining based incentive protocol for opportunistic networks[C]. Global Communications Conference (GLOBECOM 2012), Anaheim, USA, 2012: 5285-5289.

[29] Li L, Qin Y, Zhong X, et al. An incentive aware routing for selfish opportunistic networks: a game theoretic approach[C]. The 8th International Conference on Wireless Communications and Signal Processing, Yangzhou, China, 2016: 1-5.

[30] Shevade U, Song H, Qiu L, et al. Incentive-aware routing in DTNs[C]. The 16th International Conference on Network Protocols, Orlando, USA, 2008: 238-247.

[31] Wu F, Chen T, Zhong S, et al. A game-theoretic approach to stimulate cooperation for probabilistic routing in opportunistic networks[J]. IEEE Transactions on Wireless Communications, 2013, 12(4): 1573-1583.

[32] Zhu H, Lin X, Lu R, et al. SMART: A secure multilayer credit-based incentive scheme for delay-tolerant networks[J]. IEEE Transactions on Vehicular Technology, 2009, 58(8): 4628-4639.

[33] Cai Y, Fan Y, Wen D. An incentive-compatible routing protocol for two-hop delay

tolerant networks[J]. IEEE Transactions on Vehicular Technology, 2016, 65(1): 266-277.

[34] Lo C, Kuo Y, Jiang J. Data Dissemination strategy based on Time Validity for opportunistic networks[C]. The 8th International Conference on Ubiquitous and Future Networks, Vienna, Austria, 2016: 1040-1045.

[35] Huang Y, Dong Y, Zhang S. TTL sensitive social-aware routing in mobile opportunistic networks[C]. The 15th Consumer Communications and Networking Conference, Las Vegas, USA, 2014: 810-814.

[36] Lu R, Lin X, Shi Z. IPAD: an incentive and privacy-aware data dissemination scheme in opportunistic networks[C]. The 32nd International Conference on Computer and Communications, Turin, Italy, 2013: 445-449.

[37] Andreea P, Thrasyvoulos S. DTN-meteo: forecasting the performance of DTN protocols under heterogeneous mobility[J]. IEEE/ACM Transactions on Networking, 2015, 23(2): 587-602.

[38] Gao W, Li Q, Zhao B, et al. Multicasting in delay tolerant networks: a social network perspective[C]. The 10th ACM International Symposium on Mobile Ad, New Orleans, USA, 2009: 299-308.

[39] Chang W, Wu J. Progressive or conservative: rationally allocate cooperative work in mobile social networks[J]. IEEE Transactions on Parallel Distributed Systems, 2015, 26(7): 2020-2035.

[40] Han Y, Luo T, Li D, et al. Competition-based participant recruitment for delay-sensitive crowdsourcing applications in D2D Networks[J]. IEEE Transactions on Mobile Computing, 2016, 15(12): 2987-2999.

[41] Wu J, Xiao M, Huang L. Homing spread: Community home-based multi-copy routing in mobile social networks [C]. Proceedings of the IEEE conference on Computer Communications, Turin, Italy, 2013: 2319-2327.

[42] Jaramillo J, Srikant R. A game theory based reputation mechanism to incentivize cooperation in wireless ad hoc networks[J]. Ad Hoc Networks, 2010, 8(4): 416-429.

[43] Keränen A, Ott J, Kärkkäinen T. The ONE simulator for DTN protocol evaluation[C]. Proceedings of the 2nd International Conference on Simulation Tools and Techniques

for Communications, Networks and Systems, Rome, Italy, 2009: 55.

[44] Chaintreau A, Hui P, Crowcroft J, et al. Impact of human mobility on the design of opportunistic forwarding algorithms[C]. Proceedings IEEE 25th International Conference on Computer Communications, Barcelona, Spain, 2006: 23-29.

[45] Dhurandher S. Sharma D, Woungang I, et al. GAER: genetic algorithm-based energy-efficient routing protocol for infrastructure-less opportunistic networks[J]. The Journal of Supercomputing, 2014, 69(3),1183-1214.

[46] Li Q. Zhu S, Cao G. Routing in socially selfish delay tolerant networks[C]. Proceedings of the IEEE conference on Computer Communications, San Diego, USA, 2010: 857-865.

[47] Lee W, Lee K. Making smartphone service recommendations by predicting users' intentions: a context-aware approach[J]. Information Sciences, 2014, 277: 21-35.

[48] John C, Hojung C. LifeMap: a smartphone-based context provider for location-based services[J]. IEEE Pervasive Computing, 2011, 10(2): 58-67.

[49] Miao F, Cheng Y, He Y, et al. A wearable context-aware ECG monitoring system integrated with built-in kinematic sensors of the smartphone[J]. Sensors, 2015, 15(5): 11465-11484.

[50] Aram S, Troiano A, Pasero E. Environment sensing using smartphone[C]. Proceedings of the IEEE Conference on Sensors Applications Symposium, Brescia, Italy, 2012: 1-4.

[51] Handel P, Ohlsson J, Ohlsson M, et al. Smartphone-based measurement systems for road vehicle traffic monitoring and usage-based insurance[J]. IEEE Systems Journal 2013, 8(4): 1238-1248.

[52] Rahman F, Williams D, Ahamed S, et al. Pridac: privacy preserving data collection in sensor enabled RFID based healthcare services[C]. Proceedings of the IEEE 15th International Symposium On High-Assurance Systems Engineering, Miami Beach, USA, 2014: 236-242.

[53] Shu T, Cheny Y, Yang J, et al. Multilateral privacy-preserving localization in pervasive environments[C]. Proceedings of the 33rd Annual IEEE International Conference on Computer Communications, Toronto, Canada, 2014: 2319-2327.

[54] Li Ji, Cai Z, Yan M, et al. Using crowdsourced data in location-based social networks to explore influence maximization[C]. The 35th Annual IEEE International Conference on Computer Communications, San Francisco, USA, 2016.

[55] Liang X, Zhang K, Shen X, et al. Security and privacy in mobile social networks: challenges and solutions[J]. IEEE Wireless Communications, 2014, 21(1): 33-41.

[56] Najaflou Y, Jedari B, Xia F, et al. Safety challenges and solutions in mobile social networks[J]. IEEE Systems Journal, 2015, 9(3): 834-854.

[57] Enck W, Gilbert P, Chun G, et al. Taintdroid: an information flow tracking system for realtime privacy monitoring on smartphones[J]. Communications of the ACM, 2014, 57(3): 99-106.

[58] He D, Chan S, Guizani M. User privacy and data trustworthiness in mobile crowd sensing[J]. IEEE Wireless Communications, 2015, 22(1): 28-34.

[59] Xie K, Ning X, Wang X, et al. An efficient privacy-preserving compressive data gathering scheme in WSNs[J]. Information Sciences, 2017, 390: 82-94.

[60] Xing K, Wan Z, Hu P, et al. Mutual privacy-preserving regression modeling in participatory sensing[C]. Proceeding of the IEEE INFOCOM, Turin, Italy, 2013: 3039-3047.

[61] Rastogi V, Nath S. Differentially private aggregation of distributed time-series with transformation and encryption[C]. Proceedings of the 2010 ACM SIGMOD International Conference on Management of data, Indianapolis, USA, 2010: 735-746.

[62] Shi E, Chan H, Rieffel E, et al. Privacy-preserving aggregation of time-series data[C]. Proceedings of the 18th Annual Network and Distributed System Security Symposium, San Diego, USA, 2011: 1-17.

[63] Li Q, Cao G, Porta L. Efficient and privacy-aware data aggregation in mobile sensing[J]. IEEE Transactions on Dependable and Secure Computing, 2014, 11(2): 115-129.

[64] Zhang L, Wang X, Lu J, et al. An efficient privacy preserving data aggregation approach for mobile sensing[J]. Security and Communication Networks, 2016, 9(16): 3844-3853.

[65] Paillier P. Public-key cryptosystems based on composite degree residuosity classes[C]. Proceedings of the International Conference on the Theory and Application of Crypto-

graphic Techniques, Prague, Czech Republic, 1999: 223-238.

[66] Zhang Y, Fang Y. Arsa: an attack-resilient security architecture for multihop wireless mesh networks[J]. IEEE Journal on Selected Area in Communications, 2006, 24(10): 1916-1928.